WOLFGANG PAULS

UNSERE
LIEBSTEN
MITARBEITER

W0074875

WOLFGANG PAULS

UNSERE LIEBSTEN MITARBEITER

... MIT TODSICHEREN TIPPS FÜR VERZWEIFELTE FÜHRUNGSKRÄFTE

BELTZ

WOLFGANG PAULS ist Diplom-Psychologe und seit 1995 freiberuflich als Coach, Führungskräftetrainer, Moderator und Unternehmensberater tätig; wissenschaftliche und populärwissenschaftliche Veröffentlichungen (u. a. in *Psychologie Heute* und *Stern*); belletristische Veröffentlichungen für Kinder (Bücher, Hörspiele, Fernsehfilme) sowie Kabarettprogramme (Text und Regie).

Dieses Buch ist auch als E-Book erhältlich:
ISBN 978-3-407-29467-8 (ePub)
ISBN 978-3-407-29455-5 (PDF)

© 2016 Verlagsgruppe Beltz
Werderstr. 10, 69469 Weinheim

www.beltz.de

Lektorat: Dr. Erik Zyber
Herstellung und Satz: Lelia Rehm
Druck: Beltz Bad Langensalza GmbH, Bad Langensalza
Umschlaggestaltung und Illustration: Jonathan Bachmann
Printed in Germany

ISBN 978-3-407-36608-5

INHALT

VORWORT

Nach mehr als 20 Jahren freiberuflicher Tätigkeit als Coach, Berater und Führungskräftetrainer, in denen ich mir einen ebenso umfassenden wie tiefen Einblick in die Wirklichkeit des modernen Arbeitslebens verschaffen konnte, bin ich zu der Erkenntnis gelangt, dass es die gerade noch geduldeten, vielerorts geschmähten und mancherorts disziplinarisch verfolgten Mitarbeiter sind, welche unsere Wirtschaft und unsere Gesellschaft auf das Niveau gehoben haben, auf dem wir uns heute mit berechtigtem Stolz bewegen. Diese brutal verkannten »eigentlichen Helden des Berufslebens« konnte ich in *allen* Branchen und Institutionen entdecken: Sogenannte Schwätzer und Blender, Tunnelgräber und Stuhlbeinsäger bevölkern die Großraumbüros von Global Playern ebenso wie die Arbeitsplätze mittelständischer Unternehmen und die Kantinen von Behörden. Es gibt sie einfach überall, und überall sind sie zum Wohle ihrer Unternehmen und damit letztendlich zum Wohle von uns allen pausenlos aktiv.

Ich wende mich mit diesem Buch sowohl an die Vorgesetzten als auch an die Kollegen dieser »ewig Verkannten«. Den Führungskräften unter Ihnen, verehrte Leser, möchte ich die Augen öffnen. Ich möchte Sie sehen und wertschätzen machen, wer die »wahren« Leistungsträger in Ihrer Abteilung, Ihrem Team sind. Und ich möchte Ihnen aufzeigen, wie Sie diese »Rohdiamanten des Arbeitslebens« mit ebenso konsequenten wie mutigen Führungsmaßnahmen zum noch größeren Nutzen für Ihre Firma und – last but not least – für Ihre eigene Karriere weiterentwickeln und optimal betrieblich einsetzen können. Und denjenigen unter Ihnen, die einen Chaoten oder Meckerer, Eigenbrötler oder Perfektionisten zum Kollegen haben, möchte ich dabei helfen, diese Menschen mit anderen, wohlwollenden, ja, anerkennenden Augen sehen zu können.

Mein Dank gilt meiner Frau und meinen Kindern, die es – selbst in bis dahin fröhlicher Runde (!) – mit liebevoller Geduld ertrugen, sich meine von tiefem Ernst getragenen Gedanken widerspruchslos anzuhören, und die mir darüber hinaus mit eigenen Ideen wichtige Anregungen gaben. Hier möchte ich besonders meinen Sohn Oliver Pauls hervorheben. In der schwierigen und sensiblen Startphase meiner Arbeit am Manuskript hatte er entscheidenden Anteil an der Entwicklung des dreifachen Salto mortale verbale, der zum tragenden Stilmittel dieses Buches wurde.

Ebenso gilt mein Dank dem Inhaber meiner Autowerkstatt, Herrn Mario Mahla, der mir mit seiner Erkenntnis: »Mitarbeiter können auch in der Arbeitszeit zum Friseur gehen, schließlich wachsen die Haare ja auch beim Arbeiten« eine wichtige Anregung lieferte.

Des Weiteren bedanke ich mich bei allen von mir betreuten Menschen, die mich in vertraulichen Coaching-Sitzungen davon überzeugen konnten, dass *sie* die Verkannten sind, und mir damit erst ermöglichten, dieses Buch mit vielen Beispielen aus dem beruflichen Alltag anschaulich und für meine Leser nachvollziehbar zu gestalten.

Schlussendlich gilt mein besonderer Dank dem Beltz Verlag. Trotz anhängiger Klage wegen – angeblichen (!) – Verstoßes gegen das Arbeitsmoralgesetz von 1872 sind die Verantwortlichen des Verlages das finanzielle Risiko eingegangen, auch die beanstandeten Kapitel (»Der Faule« S. 48 ff. und »Der Chaot«

S. 64 ff.) zu drucken. Diese Abschnitte meines Werkes gelangten mutmaßlich infolge eines Hackerangriffs in die Hände des klagenden Vereins zum Schutz der wahren Arbeitstugend (VSwA e. V.). Zudem gilt mein Dank dem zuständigen Richter am Arbeitsgericht Schaffensthal a. d. Eifer, Herrn Frohmut Bock, der mit der anhaltenden Verschleppung des Verfahrens in hohem Maße Zivilcourage beweist.

Sicher ist Ihnen, verehrter Leser, schon beim Rezipieren dieses Vorwortes nicht entgangen, dass ich auf eine Schreibweise verzichte, bei der die weibliche Form als *-in*-Wortanhang und das maskuline Genus als *-er*-Appendix dargestellt werden. Sie bleiben so von sprachlichen Gebilden wie »der/die Mitarbeiter/in« oder »die/der Führungskraft/er« verschont. Unfreiwillige Komik hat in einem Sachbuch wie diesem nichts zu suchen. Ich wünsche Ihnen dennoch hier und da auch ein wenig Spaß bei der Lektüre meines Werkes.

Wolfgang Pauls, im November 2015

DER SCHWÄTZER

BETRIEBLICHES VERHALTEN

Der Schwätzer ist ein durch und durch kommunikativer Mensch. Er verfügt über einen außergewöhnlich breiten Wissensschatz, was er in jeder nur denkbaren Situation unter Beweis stellt. Ganz gleich, mit welchem Thema er konfrontiert wird, der Schwätzer ist nicht nur in der Lage, seine schier unerschöpflichen Kenntnisse einzubringen, nein, er tut es auch auf eine höchst elaborierte, rhetorisch gekonnte Weise!

Am augenfälligsten wird diese einmalige Kombination von thematisch-inhaltlichem Interesse und Verbalkompetenz in Besprechungen. In jedwedem Meeting, sei es eine Abteilungssitzung, wo der Informationsaustausch im Vordergrund steht, oder ein fachthemenbezogenes Treffen, welches dem Finden von Problemlösungen dient, der Schwätzer wird stets mit großer Eloquenz entscheidende Beiträge leisten. Und sollte der Fluss des Gedankenaustausches einmal ins Stocken geraten: Zum Stillstand wird er nicht kommen – auf den Schwätzer ist Verlass!

Diese verbalkommunikative Qualität der Schwätzer können Sie als Führungskraft gar nicht hoch genug schätzen, befreit sie Sie doch von dem Druck, die Besprechung allein durch Ihre motivierenden Beiträge am Laufen zu halten. Zudem geben die Schwätzer unter Ihren Mitarbeitern Ihnen Gelegenheit, sich im Stillen schon auf den nächsten Tagesordnungspunkt vorzubereiten. Versuchen Sie nicht zu verstehen, was der Schwätzer sagt, sondern nehmen Sie seine Worte als reines Hintergrundrauschen – etwa wie das Geräusch der Meeresbrandung – wahr. Das gleichförmige Auf und Ab der Worte wird so zu einem wohligen Klangteppich, auf dem Sie in aller Ruhe Ihre Gedanken ordnen und ihren nächsten Redebeitrag planen können.

Aber nicht nur für Sie als sein Vorgesetzter ist der Schwätzer ein hilfreicher Partner, sondern auch für eine nicht zu unterschätzende Zahl seiner Kollegen, bewahrt er doch insbesondere sozial gehemmte, wortkarge Mitarbeiter davor, sich gegen ihre Natur aktiv an der Besprechung zu beteiligen.

Sollten Sie feststellen, dass der eine oder andere Mitarbeiter negativ auf die verbalen Aktivitäten des Schwätzers reagiert (verdeckt mit Augenverdrehen oder offen mit aggressiven Äußerungen wie »Mensch, musst du denn überall deinen Senf zugeben?«), dann weisen Sie den Kritiker in seine Schranken (etwa mit dem Satz: »Wenn Sie sich in die Besprechung einbringen möchten, dann unterlassen Sie bitte derartig persönliche Angriffe! Nehmen Sie sich lieber ein Beispiel an der konstruktiven Art, in der Ihr Kollege hier mitarbeitet!«). Neider gibt es überall. Ihnen Einhalt zu gebieten, ist eine der vornehmsten Führungsaufgaben!

Doch nicht nur in Besprechungen, sondern ebenso bei der unmittelbaren Ausübung spezifischer beruflicher Tätigkeiten sind die verbalen und kommunikativen Fähigkeiten des Schwätzers von großem betrieblichem Nutzen. Machen Sie die Probe aufs Exempel und lauschen Sie einmal an der Tür eines Büros, das sich ein Schwätzer mit einem oder mehreren Kollegen teilt. Sie werden sehen: An diesen Arbeitsplätzen kommt keine Langeweile auf! Die verbalen Beiträge des Schwätzers – insbesondere, wenn es sich um fachfremde Ausführungen wie etwa Anekdoten aus dem Privatleben handelt – wirken leistungsfördernd auf seine im Raum anwesenden Kollegen: Sie sind mental mit Vorgängen konfrontiert, die nichts, aber auch gar nichts mit ihrer gegenwärtigen Tätigkeit zu tun haben. Um dennoch korrekt zu arbeiten, müssen sie sich doppelt stark konzentrieren – das hält wach und beugt Ermüdungserscheinungen vor, die, vor allem bei Routinearbeiten, die Fehlerquote erhöhen. Selbst wenn die verbalen Ergüsse des Schwätzers in Ausnahmefällen dazu führen sollten, dass der Ablenkungseffekt zum Einstellen der aktuell ausgeübten beruflichen Tätigkeit führt, hat dies letztendlich einen arbeitsfördernden Charakter: Zum einen hebt die Erzählung des Schwätzers die Stimmung – insbesondere humorvolle Schwätzer leisten einen unschätzbaren motivationalen Beitrag für den funktionierenden Arbeitsalltag! Zum anderen wird die, vordergründig betrachtet, »verlorene« Arbeitszeit ihrerseits zu einem Motivator: Hat sich ein Mitarbeiter von einem geschwätzigen Kollegen ablenken lassen, wird er sich anstrengen, in der verbleibenden Zeit sein Arbeitsziel zu erreichen – voll konzentriert und mit »Volldampf«! Solche »Sprintphasen« wirken psychisch belebend und optimieren den Arbeitsprozess, weil sie jedwedem »runterziehenden« Trott entgegenwirken.

Glücklicherweise brauchen Sie nicht zu befürchten, dass ein Schwätzer sein betrieblich nützliches Verhalten ändern oder gar verlieren wird. Schwätzer schwätzen aus einem tief in ihrer Persönlichkeit verankerten Bedürfnis. Sie halten es nicht aus, *nicht* zu reden, zu irgendeinem Tagesordnungspunkt oder Thema *nichts* zu sagen.

AUCH UNTER WIDRIGSTEN BEDINGUNGEN – AUF DEN SCHWÄTZER IST VERLASS!

Wie stark der kommunikative Drang des Schwätzers ist, konnte in einer psycholinguistischen Untersuchung der Emdener Ostfriesland Universität nachgewiesen werden (Piepenbrink 2000). Die Probanden aus dem Studiengang »Nachhaltige Hornviehhaltung« wurden auf zwei gleich große Versuchsgruppen aufgeteilt: die Versuchsgruppe A mit überdurchschnittlich kommunikationsfreudigen und die Versuchsgruppe B mit normal kommunikativen Studenten (wobei diese Unterscheidung mithilfe von Wortzählmetern getroffen wurde). Die Probanden beider Versuchsgruppen verbrachten bei ausreichender Lebensmittelversorgung 48 Stunden allein und ohne Kontakt zur Außenwelt in einem mit sanitären Einrichtungen ausgestatteten Raum.

Die Auswertung der Videoüberwachung zeigte, dass die überdurchschnittlich kommunikationsfreudigen Studenten der Versuchsgruppe A signifikant häufiger verbale Äußerungen von sich gaben als ihre Kommilitonen der Versuchsgruppe B. Diese Äußerungen hatten Satzform, des Öfteren im Umfang von Kurzvorträgen. Sie waren in Ermangelung anwesender Personen an die im Raum vorhandenen Gegenstände gerichtet, vorzugsweise an die in der Sitzecke platzierten Kuscheltiere, und zwar unabhängig davon, ob es sich um Katzen, Hunde, Mäuse oder Krokodile handelte.

Mit fortschreitender Isolationsdauer wurden die Ansprachen der kommunikationsfreudigen Studenten an die Adresse der Kuscheltiere immer länger. Einer der Probanden aus der Versuchsgruppe A sagte beispielsweise gegen Ende der Versuchszeit zu »seinem« Kuschelhund: »Du hast ja voll die coole Frisur. Fokuhila ist nix dagegen. Ich hab das ja nicht mehr mitgekriegt. Die Mode mein' ich. Aber das muss echt krass gewesen sein. Mein Vater hat so'n Fußballbuch von irgend 'ner WM aus den Achtzigern, glaub ich. Wirklich krass. Aber die Hosen waren noch krasser. Kurz, kürzer am kürzesten. Für Hunde gibt's übrigens auch Hosen. In Hollywood, bei so'n paar behämmerten Stars, sind die voll hip. Abgefahren sag ich dir. Und die Schühchen dazu! Und die Leibchen! Leiiiiibchen – hat mir meine Oma erzählt. Die waren so 'ne Art Tops. Auch für Kerle. Nee, das wär nix für mich. Für dich auch nicht. Da würdest du dich kaputtschwitzen. Deo für Hunde müsste man mal erfinden! Aber das gibt's bestimmt schon. Wenn's Hundeschuhe gibt, warum soll's dann kein Hunde-Deo geben? Oh Mann, schwitz' ich! Ich hab die Heizung schon voll abgedreht, und in dem scheiß Kabuff ist es immer noch heiß wie in der Sauna. Das hält doch keine Sau aus ...«

Von den normal kommunikativen Studierenden der Versuchsgruppe B waren hingegen lediglich vereinzelt Kurzkommentare oder Ausrufe wie »Das gibt's doch nicht!« oder »Scheiß Bruchbude!« zu hören, wobei diese Worte stets reaktiv geäußert wurden, nachdem dem Probanden ein Kaffeebecher umgekippt war oder als er bemerkte, dass der im Raum befindliche TV-Empfänger lediglich über drei Programme verfügte.

DER BESSERWISSER – EIN BETRIEBLICH WIE GESELLSCHAFTLICH WERTVOLLER SCHWÄTZER

Eine Unterkategorie des Schwätzers ist der Besserwisser. Er befindet sich stets und ständig im Wettstreit mit seinen Mitmenschen, im Betrieb also in permanenter Wissenskonkurrenz zu seinen Kollegen und Vorgesetzten. Es liegt in der Natur der Sache, dass ein besserwisserischer Schwätzer nicht wirklich in allen beruflichen und außerberuflichen Belangen mehr und besser Bescheid weiß als seine Zeitgenossen. Aber was macht das schon? Sein häufig als bloße Angeberei fehlgedeutetes und gescholtenes Verhalten zwingt seine Kommunikationspartner, ihr Wissen zu prüfen, ihre Ideen und Lösungsvorschläge noch einmal gründlich zu checken: Hab ich auch wirklich Recht? Wie hieb- und stichfest sind meine Argumente? Wie verlässlich sind die Fakten, die ich meiner Position zugrunde lege?

Auf diese Weise ist der Besserwisser eine Art Qualitäts-Katalysator, der entscheidend dazu beiträgt, dem Unternehmen gesichertes Wissen und realitätsfundierte Ideen für betrieblich optimierende Entwicklungen zur Verfügung zu stellen. Jede Führungskraft, die unter ihren Mitarbeitern wenigstens einen Besserwisser hat, sollte diesen pfleglich behandeln! Schelten Sie ihn nicht, auch wenn er mit seiner Besserwisserei Ihr Wissen und damit vielleicht auch Ihre Kompetenz, ja, sogar Sie als ernstzunehmenden Menschen überhaupt infrage stellt. Gegenüber den Vorteilen, die der Besserwisser als Qualitäts-Katalysator kreiert, sind diese Kollateralschäden lediglich Lappalien. Vermeiden Sie es vor allem, Ihren Besserwisser bloßzustellen. Je länger er Ihnen erhalten bleibt, desto mehr Freude werden Sie an ihm haben!

Der amerikanische Psychologe und Politologe Humphrey Cloguard konnte dies in einer Langzeitstudie für die Bereiche des Bildungswesens und der Politik nachweisen (Cloguard 2014). Zwanzig Jahre lang begleitete er 75 in der High School als Besserwisser diagnostizierte Frauen und Männer auf ihrem weiteren Lebensweg. Die Ergebnisse seiner Untersuchung belegen auf eindrucksvolle Weise, wie wichtig ungestört ihrer Besserwisserei frönende Schwätzer für die Gesellschaft sind:

- 26 dieser wissenschaftlich kontrollierten Besserwisser wurden Lehrer,
- wobei 14, und damit mehr als die Hälfte von ihnen, zu Schulleitern und leitenden Beamten in der Schulverwaltung aufstiegen.
- 42 der Besserwisser – das sind stolze 56 Prozent – gingen in die Politik,
- und zwölf aus der Gruppe dieser Politiker brachte es bereits in jungen Jahren zu Kongressabgeordneten oder Ministern.
- Die restlichen sieben Besserwisser verdienten ihren Lebensunterhalt als Vertreter, Jahrmarktgaukler, TV- oder Hörfunkmoderatoren.

SO FÜHREN SIE SCHWÄTZER

TIPP 1 SCHWÄTZER – INSBESONDERE BESSERWISSERISCHE SCHWÄTZER – GEHÖREN INS GROßRAUMBÜRO!

Wie die Langzeitstudie von Humphrey Cloguard zeigt, ist die Gefahr, dass einer Ihrer besserwisserischen Schwätzer in die Politik abwandert, nicht zu unterschätzen. Seien Sie deshalb auf der Hut, sobald Sie bemerken, dass ein besserwisserischer Mitarbeiter gern und auch für seine Verhältnisse überdurchschnittlich häufig politische Reden hält. Nicht die politischen Inhalte sind für den Besserwisser von Bedeutung, sondern allein der Wunsch, mit seinen Reden eine große Zahl von Menschen zu erreichen. Der – zumindest verbal – politisch engagierte Besserwisser erlebt sich selbst als Wohltäter und Heilsbringer. Lediglich einen oder zwei Kollegen mit seinen Ergüssen zu beglücken, reicht ihm nicht aus. Er braucht Publikum! Im Unternehmen hat er dies im räumlichen Setting des Großraumbüros, wo ihm zehn, zwanzig, dreißig andere Mitarbeiter zuhören können und müssen. Wenn Sie an die oben geschilderten arbeitsfördernden Auswirkungen der verbalen Aktivitäten von Schwätzern denken (vgl. S. 11), wird Ihnen klar, dass es bei dieser Platzierungsmaßnahme nicht allein darum geht, den besserwisserischen Schwätzer im Unternehmen zu halten, sondern ebenso darum, möglichst vielen Mitarbeitern zu ermöglichen, ihre Arbeitsleistung über den Umweg der Ablenkung zu erhöhen.

Platzieren Sie Ihren Schwätzer an hervorgehobener Position im Großraumbüro. Für die Förderung kommunikativer Aktivitäten in räumlichen Settings hat sich die mittige Lage ebenso bewährt wie die vorgeschobene, ähnlich dem Lehrertisch im Frontalunterricht. Die Errichtung eines Podestes für den Arbeitsplatz des Schwätzers verstärkt die gewünschte Wirkung (vgl. Spoker 1998, S. 139).

Sollten in Ihrem Betrieb bislang keine Großraumbüros vorhanden sein, scheuen Sie sich nicht, die Immobilie entsprechend umzugestalten beziehungsweise werben Sie, sofern Sie diesbezüglich keine Entscheidungskompetenz haben, höheren Ortes für die erforderlichen Umbauten – die Argumente sind auf Ihrer Seite!

IHR ERFOLG

Spätestens nachdem Sie die gegen den Schwätzer opponieren-
den Neider abgemahnt haben, wird die Leistungssteigerung
(vgl. S. 11) der meisten Ihrer im Großraumbüro arbeitenden
Mitarbeiter sicht- und messbar werden.

TIPP 2

MACHEN SIE EINEN SCHWÄTZER ZU
IHREM »INKOGNITO=CO=MODERATOR«!

Sofern Sie Ihre Team-, Abteilungs- oder Bereichsbesprechun-
gen bislang selbst moderiert haben, empfiehlt es sich, einen
Schwätzer co-moderieren zu lassen. Machen Sie sich seine Fähigkeit zunutze, kommunikative Botschaften wie Informationen oder Arbeitsanweisungen mit nachhaltiger Redundanz
verbal zu vermitteln. Führungskräfte neigen dazu, in Ansprachen an ihre Mitarbeiter allzu abgehoben und auf das inhaltlich Wesentliche reduziert zu formulieren. Vor allem Mitarbeiter mit Konzentrationsschwächen – insbesondere, wenn sie
zur ADHS-geschädigten Generation Y gehören ! – sind häufig
nicht in der Lage, derartige Botschaften richtig zu decodieren.
Dies führt immer wieder zu Missverständnissen, und nicht
selten erreichen die Worte des Chefs diese Mitarbeiter überhaupt nicht!

Beauftragen Sie vor Beginn der Besprechung einen Ihrer
schwatzhaften Mitarbeiter damit, auf ein abgesprochenes
Zeichen hin (Sie fassen sich ans Ohrläppchen oder räuspern
sich dreimal) das jeweils zuvor von Ihnen Gesagte noch einmal zusammenzufassen. Der so Angewiesene wird garantiert
ausführlich allen Anwesenden vermitteln, was Sie sagen be-

ziehungsweise anordnen wollen. Auf diese Weise wird der Schwätzer zu Ihrem »volksnahen« Sprachrohr, ohne Ihnen damit Ihre übergeordnete Position streitbar zu machen. Dass dieser kleine Moderationskniff den anderen Mitarbeitern nicht bekannt gegeben wird, versteht sich von selbst – verpflichten Sie deshalb den Schwätzer zur absoluten Verschwiegenheit!

IHR ERFOLG

Die von Ihnen geleiteten Besprechungen werden deutlich effektiver. Niemand geht mehr nach Ablauf der Sitzung frustriert an seinen Arbeitsplatz zurück. Niemand denkt oder sagt: »Wieder nichts als Gelaber! Wieder keine konkreten Ergebnisse!, denn alle Ihre Mitarbeiter haben Klarheit über das, was *Ihnen* wichtig ist. Jeder weiß, worauf es im Sinne der Optimierung von Arbeitsabläufen und eines unternehmerisch verantwortungsvollen Handelns ankommt. Alle sind in einem Boot und nehmen das Gefühl motivierten Nach-vorne-Blickens an ihren Arbeitsplatz mit, um gemeinsam mit Team die gesteckten Ziele zu erreichen.

TIPP 3

FÖRDERN SIE DIE RHETORISCHEN FÄHIGKEITEN VON SCHWÄTZERN GEZIELT!

Ermöglichen Sie den Schwätzern unter Ihren Mitarbeitern den Besuch so vieler Rhetorikseminare, wie Ihr Budget hergibt – auch der Beste kann noch besser werden!

Vermitteln Sie dem jeweils für die Weiterbildung ausgewählten Schwätzer auf möglichst sensible Weise, warum Sie ausgerechnet ihm dieses Incentive zukommen lassen. Sätze wie »Ich schick' Sie mal auf einen Rhetorikkurs, damit Sie Ihren Redestil verbessern« können demotivierend wirken. Beim Schwätzer kann dies als niederschmetternde Kritik ankommen, weil er aus Ihren Worten schließt, dass Sie seine rhetorischen Fähigkeiten für mangelhaft und deshalb förderungsbedürftig halten. Besser wäre: »Wie Sie wissen, sind viele Ihrer Kollegen nicht in der Lage, sich auch nur annähernd so fließend und überzeugend auszudrücken wie Sie. Das legt auf den ersten Blick den Schluss nahe, diese Damen und Herren auf einen Rhetorikkurs zu schicken. Aber ich glaube – und Sie stimmen mir da sicher zu –, das wäre rausgeschmissenes Geld. Man würde ja auch einen Blinden nicht an einem Fotografie-Seminar teilnehmen lassen. Nein, ich möchte *Ihnen* diesen Kurs zukommen lassen! Sie sind mir jetzt schon eine unersetzbare Stütze bei meinen kommunikativen Bemühungen gegenüber der Abteilung. Und wie ich Führungsseminare besuche, um die Qualität meiner Mitarbeiterführung noch weiter zu verbessern, so möchte ich Ihnen die Möglichkeit geben, Ihre ohnehin schon hervorragenden rhetorischen Fähigkeiten weiter zu optimieren.«

IHR ERFOLG

Sie werden nicht nur einen *noch* hilfreicheren Mitstreiter für Ihre Kommunikation als Führungskraft erhalten, sondern den Schwätzer auch menschlich an sich binden, denn er wird die Wertschätzung seiner Fähigkeiten dankbar entgegennehmen und seinem Förderer ein stets loyaler »Untergebener« sein.

DER TUNNELGRÄBER

BETRIEBLICHES VERHALTEN

Um den Mitarbeitertyp des Tunnelgräbers zu beschreiben, ist es erforderlich, das Phänomen des Tunnelgrabens zu verstehen. Es liegt auf der Hand, dass im Kontext des vorliegenden Buches mit *graben* nicht das Umschichten von Erde gemeint ist. Vielmehr handelt es sich beim Begriff des Tunnelgrabens um die sprachlich-sinnbildliche Darstellung eines von manchen Mitarbeitern vorzugsweise praktizierten Verhaltens. Mit *Tunnel* ist hier ein Kommunikationsweg gemeint, der, einem unterirdischen Gang gleich, vom unmittelbaren Vorgesetzten des Tunnelgräbers geradewegs zum Chef-Chef des Mitarbeiters, sprich zur Führungskraft der Führungskraft führt. Oder zum Chef-Chef-Chef. Oder Chef-Chef-Chef-Chef. Nach oben sind da keine Grenzen gesetzt. Ganz gleich, wie lang der Tunnel ist: Der Tunnelgräber umgeht heimlich seinen unmittelbaren Vorgesetzten. Aber warum tut er das?

DER DRANG ZU HÖHEREM

Sein Drang zu Höherem ist dem Tunnelgräber selbst nicht bewusst. Psychologisch lässt er sich jedoch aus der Tatsache erschließen, dass es diesen Mitarbeitertyp zu Höheren, sprich höhergestellten Personen, hinzieht. Je stärker dieser Drang im Unterbewusstsein des Mitarbeiters wirkt, desto weiter oben in der Unternehmenshierarchie ist seine »Zielfigur« angesiedelt.

Personen mit einem DzH-Wert (das ist der Wert zur Messung des Dranges zu Höherem, W. P.) größer als 10 auf der nach oben offenen DzH-Skala (vgl. Vipper 1999) äußern ihre Unzufriedenheit mit ihrem unmittelbaren Vorgesetzten ausschließlich gegenüber dem Geschäftsführer oder Firmeninhaber. Beträgt der DzH-Wert gar 20 und mehr, kontaktieren die betreffenden Mitarbeiter bevorzugt Personen aus der Privatsphäre ihres Chefs, von denen sie vermuten, sie seien diesem »psychisch überstellt«. Alltagssprachlich könnte man formulieren: Sie »baggern« die (Ehe-)Partner oder, bei Singles, die Mama oder den Papa ihres Gruppen-, Abteilungs- oder Bereichsleiters an. Andere psychologische Studien weisen nach, dass jeder Mensch einen mehr oder weniger ausgeprägten Drang zu Höherem hat, weshalb der DzH-Wert nicht unter 1 liegen kann (vgl. Subsmith 2004).

Prüfen Sie sich selbst mit dem DzH-Schnelltest für den betrieblichen Erfahrungsbereich (nach Großwill 2010):

- Wenn ich im Fahrstuhl auf den Knopf für das oberste Stockwerk drücke, verspüre ich jedes Mal ein Kribbeln in der Hand.
  ja / nein

- Urteile von höhergestellten Persönlichkeiten sind grundsätzlich richtiger als Urteile von ihnen unterstellten Personen.
  ja / nein

- Ich bin stolz, wenn mich der Geschäftsführer auf dem Betriebsfest nach meinem Namen fragt.
  ja / nein

- E-Mails von Vorgesetzten, die mehr als drei Hierarchiestufen über mir angesiedelt sind, drucke ich mir aus und bewahre sie in einem goldfarbenen Ordner auf.
  ja / nein

- Könnte ich ausschließlich meinem Direktor zuarbeiten, würde ich freiwillig auf die Hälfte meiner Vergütung verzichten.
  ja / nein
- Wer das Bett mit dem Geschäftsführer teilt, gehört zu den glücklichsten 0,001 Prozent aller Menschen weltweit.
  ja / nein

Auswertung

6 × ja: DzH-Wert 24

5 × ja: DzH-Wert 20

4 × ja: DzH-Wert 16

3 × ja: DzH-Wert 12

2 × ja: DzH-Wert 8

1 × ja: DzH-Wert 4

0 × ja: DzH-Wert 1

TUNNELGRÄBER DENKEN UNTERNEHMERISCH

Der Drang zu Höherem allein macht den Tunnelgräber noch nicht zu einem wertvollen Mitarbeiter. Erst in Kombination mit der ihm eigenen Fähigkeit, im Sinne des Unternehmenserfolgs zu denken und entsprechend verantwortungsvoll zu handeln, wird dieser Drang zu einem nicht zu unterschätzenden Produktivfaktor für die Firma. Konkret heißt das: Ist ein Tunnelgräber der Meinung, dass seine Wünsche oder Beschwerden, wenn er sie an seinen unmittelbaren Vorgesetzten heranträgt, zu Auseinandersetzungen mit diesem führen werden, wendet er sich an einen höheren Vorgesetzten. Er weiß, dass Spannungen zwischen ihm und seiner direkten Führungskraft unwägbare negative Konsequenzen für die Firma nach sich ziehen können. Das will er auf gar keinen Fall provozieren!

Lassen Sie mich dies an einem typischen, weil in Unternehmen häufig vorkommenden Beispiel aufzeigen: Ein Mitarbeiter ist – gleichgültig, ob berechtigt oder nicht – mit der Führungsarbeit seines Vorgesetzten unzufrieden. Er sieht seine Arbeitsleistung nicht ausreichend gewürdigt und fühlt sich gegenüber seinen Kollegen benachteiligt. In dieser Situation überlegt er sich, was geschähe, wenn er zum Chef ginge und ihm sagte: »Sie würdigen meine Arbeitsleistung zu wenig und ziehen mir andere Mitarbeiter vor.« Wird der Chef ihn in Ruhe anhören? Wird er sich für sein Feedback bedanken? Wird er sein Verhalten ihm gegenüber ändern, ihn zukünftig auch mal loben und ihm nicht mehr die unangenehmen Aufgaben geben, während sich seine Kollegen einen lauen Lenz machen? »Nein. Das wird er nicht. Er wird stattdessen …«

An dieser Stelle lässt sich der simulierte innere Dialog auf unterschiedliche Weise fortführen. Handelt es sich bei dem unmittelbaren Vorgesetzten um einen Choleriker, wird der Mitarbeiter denken: »Er wird mich anschreien. Fertig machen wird er mich. So fertig, dass ich die ganze Nacht nicht schlafen kann, am nächsten Morgen mit Kopfschmerzen aufwache und vollgepumpt mit Schmerztabletten im Bett bleiben muss. Oder sein Gebrüll schlägt mir derart auf den Magen, dass ich davon ein Magengeschwür kriege, ins Krankenhaus komme und wochenlang ausfalle! Was wird das das Unternehmen für Geld kosten! Die Fortzahlung meines Gehalts ist noch das Wenigste! Aufträge in vierstelliger Höhe werden uns verloren gehen, weil meine Arbeit liegen bleibt. Müller, der Penner, der von meinem Job null Ahnung hat, muss für mich einspringen und macht garantiert kostspielige Fehler. Dabei ist er total überfordert, kriegt ein Burnout und fällt für ein halbes Jahr aus. Wahnsinn! Nein, das kann ich der Firma gegenüber nicht verantworten!«

Handelt es sich nicht um einen cholerischen, sondern um einen chronisch überforderten Vorgesetzten, kommt zum Verantwortungsgefühl, das der Tunnelgräber gegenüber dem Unternehmen empfindet, noch das rein menschliche Verantwortungsgefühl gegenüber der Person seiner Führungskraft hinzu. Scheuen wir uns nicht, von Mitleid und Rücksichtnahme zu sprechen! Der Tunnelgräber bringt es nicht übers Herz, diesen Chef mit seinen Problemen zu belasten. Er denkt: »Wenn ich dem Chef sage, dass ich mit der Art und Weise, wie er mich führt, unzufrieden bin, versteht er das vielleicht nicht. Er hat für solche Dinge keine Zeit und keinen Nerv. Der ist ja auch so schon am Limit. Wenn ich mit meinem Anliegen komme, ist das vielleicht der berühmte Tropfen, der das Fass zum Überlaufen bringt. Er bricht zusammen und fällt längere Zeit aus. Und wie teuer das die Firma erst kommt – nicht auszudenken!«

Sogar wenn der unmittelbare Vorgesetzte weder cholerisch noch überfordert ist, wird der tunnelgräberische Mitarbeiter aus seinem starken altruistischen Grundgefühl heraus rücksichtsvoll handeln. Er weiß, dass sein Chef auch nur ein Mensch ist, der seine Stärken und Schwächen hat. Und er weiß, wie schwer es Menschen fällt, die eigenen Schwächen zu sehen, geschweige zu beheben. Der Tunnelgräber ist Realist. Er macht sich nichts vor: Ein Gespräch allein wird seinen Vorgesetzen nicht dazu bewegen, sein Verhalten zu ändern. Und selbst drei, vier, fünf Gespräche über mehrere Monate verteilt garantieren noch keinen Erfolg. Aber eines ist sicher: Diese Gespräche werden enorme Ressourcen binden! Denn sie müssen gründlich vorbereitet und, bei ausbleibendem Erfolg, seelisch verarbeitet werden. Von ihm und von seinem Chef! Beide werden darüber mit ihren jeweiligen Kollegen sprechen, werden verärgert und enttäuscht sein. Das wirkt sich aus! Auf die Konzentration. Auf die Arbeit. Auf die Arbeitsergebnisse. Es kostet Nerven, Zeit und Geld!

Nein, das kann der Tunnelgräber nicht verantworten. Das kann er seinem Arbeitgeber nicht antun! Da weiß er einen besseren, für das Unternehmen kostengünstigeren und für seinen Chef und ihn selbst menschlich verträglicheren Weg: Er gräbt einen Tunnel. Den Tunnel, der ihm am meisten Erfolg verspricht. Seine ursprüngliche Frage »Wie wird mein Chef reagieren« stellt er sich nun in Bezug auf die Vorgesetzten seines Chefs: »Welcher von ihnen ist der geeignetste Ansprechpartner für mich? Der Chef-Chef? Der Chef-Chef-Chef? Der ...? Eines ist klar: Er muss mir zuhören. Er darf meine Kritik nicht zurückweisen. Darf mir nicht einmal die Frage stellen, ob ich über die Sache denn schon mit meinem Chef gesprochen habe. Und er darf mich auf gar keinen Fall wegschicken. Ganz im Gegenteil! Meine Kritik an meinem Chef – und damit an seinem Mitarbeiter (!) – muss ihm gelegen kommen! Wer kommt dafür infrage? Wer erfüllt diese Bedingungen? Mit welchem seiner Chefs hat mein Chef Probleme? Welcher Chef-Chef kann meinen Chef nicht leiden? Ah ja, der Bereichsleiter! Und wenn ich mich nicht irre, züchtet der doch auch Kaninchen. Genau wie ich! Und der Geschäftsführer? Seine Tochter ist doch im selben Sportverein wie mein Sohn! Geh ich gleich zu dem? Ich weiß nicht. Nee, ich glaub, da krieg ich so schnell keinen Termin. Also der Bereichsleiter! Auf geht's!«

Leider finden sich weder in der sozialpsychologischen noch in der arbeits- und betriebspsychologischen Fachliteratur Untersuchungen speziell zum Tunnelgräberphänomen. Lediglich einige wissenschaftliche Studien zum Thema Konfliktscheu beziehen sich indirekt auf die Verhaltenstendenzen, die den Tunnelgräber auszeichnen (vgl. Scheu 2011 oder Pain 2008). Anwenden lassen sie sich aber nicht auf ihn. Denn der Tunnelgräber vermeidet die Auseinandersetzung mit seinem Chef keineswegs, weil er konfliktscheu, sprich feige ist! Vielmehr ist ihm am Wohl des Unternehmens und seines direkten Vorgesetzten gelegen. Sein Motiv ist ein mitmenschliches. Mag es auf den ersten Blick auch anders erscheinen: Der Tunnelgräber ist im Grunde seines Herzens herzensgut! Dringen Sie zu diesem Herzen vor! Machen Sie ihm das Tunneln leicht! Werden Sie sein Partner bei seinen Bemühungen, das Beste für die Firma und für Sie zu wollen und zu tun!

SO FÜHREN SIE TUNNELGRÄBER

TIPP 1

MACHEN SIE DEN TUNNELGRÄBER MIT IHREN VORGESETZTEN BEKANNT!

Damit der Tunnelgräber ohne große Mühen seine Aktivitäten entfalten kann, braucht er gute Beziehungen »nach oben«. Nutzen Sie deshalb jede sich bietende Gelegenheit, um Ihren Tunnelgräber (beziehungsweise einen Mitarbeiter, dem Sie es zutrauen, zum Tunnelgräber zu werden) mit Ihrem Chef oder Chef-Chef zusammenzubringen.

Private oder halbprivate Zusammenkünfte eignen sich dafür hervorragend. Laden Sie beide, Ihren Vorgesetzten und Ihren Tunnelgräber, zu dem Abteilungsgrillfest ein, das Sie in Ihrem Vorgarten veranstalten. Tischkarten (auch auf Biertischgarnituren durchaus verwendbar!) ermöglichen eine zielgenaue Zusammenführung.

Können Sie nicht einschätzen, inwieweit der Tunnelgräber bereits über entsprechende Kontakte verfügt, eruieren Sie dies in einem eigens zu diesem Zweck anberaumten Vieraugengespräch. Erfahrungsgemäß ist eine derartige Unterhaltung besonders effektiv, wenn sie auf ungezwungene Weise in einer – in beruflicher Hinsicht – ungestörten Atmosphäre stattfindet. Sollte sich Ihr Büro dafür nur in beschränktem Maße eignen, zögern Sie nicht, den Tunnelgräber nach Feierabend oder am Wochenende in ein Restaurant einzuladen, das Ihrem Niveau offenkundig *nicht* entspricht (ein Hamburger-, Pizza- oder Dönerimbiss bietet sich hierfür besonders an).

Das Gespräch sollte Ihrerseits etwa so ablaufen: »Ich freue mich, dass Sie meiner Einladung gefolgt sind. Entschuldigen Sie bitte, dass dieses Ambiente nicht ganz Ihren Erwartungen entspricht, aber die Gehälter auf *meiner* Hierarchieebene – Sie verstehen, was ich meine ... Nein, widersprechen Sie nicht, Sie sind ein Mensch mit einem Drang zu Höherem, das habe ich Ihnen bereits am ersten Tag, nachdem Sie in unsere Abteilung gewechselt waren, angesehen. Der Drang zu Höherem, das ist es. Solche Mitarbeiter braucht unser Unternehmen! Doch leider, leider gibt es viel zu wenige davon. Ich spreche nicht nur für mich, wenn ich das sage! Auch mein Vorgesetzter, der Herr ..., ist dieser Meinung. Ebenso wie der Geschäftsführer. Meinen Chef haben Sie schon auf der letzten Weihnachtsfeier kennenlernen dürfen. Aber unseren Geschäftsführer? Hatten Sie da schon das Vergnügen? ... Nein? Dann wird es aber Zeit! Er ist ja so ein kommunikativer, so ein verständiger Mensch! Immer eine offene Tür für seine Mitarbeiter, ganz gleich, welche Funktion Sie im Unternehmen wahrnehmen. Da macht er keine Unterschiede. ›Wir sind eine große Familie‹, das ist sein Standardspruch. Und das ist nicht bloß so daher gesagt! Ich kann Ihnen nur ans Herz legen: Scheuen Sie sich nicht, den Geschäftsführer anzusprechen, wenn Sie etwas auf dem Herzen haben. Auch Kritik und Beschwerden nimmt er gern entgegen. Und er handelt, wenn es sein muss, nötigenfalls auch mit harter Hand!«

Zu fortgeschrittener Stunde, etwa nach der dritten Flasche Wein oder, falls in dem gewählten Etablissement nicht verfügbar, nach der zehnten Flasche Bier, können Sie gern noch ein paar konkrete Tipps hinzufügen, die Ihrem Tunnelgräber den Zugang zu den oberen Etagen erleichtern. Etwa: »Wussten Sie, dass unser Boss ein leidenschaftlicher Schachspieler ist? ... Nein? Aber Sie spielen doch auch Schach, oder täusche ich mich da? ... Na sehen Sie ... Mitglied in einem Schachverein sind Sie aber noch nicht, oder? ... Na, was nicht ist, kann ja noch werden. Der Boss schwärmt jedenfalls von seinem SVG Damenspringer.« Oder: »Jaja, die Frauen ... Unser Geschäftsführer hat es da ganz superb getroffen! Seine Gattin ist ja sowas von verständnisvoll und hilfsbereit. Und was das Schönste ist: Er macht, was sie sagt!« An dieser Stelle können Sie durchaus ein vertraulich-kumpelhaft klingendes Kichern einbauen, und auch ein leichter Ellenbogenstoß in die Tunnelgräberrippen kann den Effekt der versteckten Botschaft verstärken.

IHR ERFOLG

Je weiter die Bekanntschaft des Tunnelgräbers mit dem Geschäftsführer fortschreitet, desto geringer wird seine Hemmschwelle, diesen mit Sorgen und Beschwerden zu behelligen. Und genau das ist *Ihr* Erfolg: *Sie* bleiben unbehelligt. *Ihnen* geht

der Tunnelgräber nicht mehr auf die Nerven! Sie mögen ein-
wenden, dass durch diesen Ihren Schachzug nun aber die Arbeitszeit und die Konzentrationsfähigkeit des Geschäftsführers beeinträchtigt werden, was, aus unternehmerischer Sicht,
zu weitaus größeren finanziellen Nachteilen für die Firma
führen könnte. Weit gefehlt! Topmanager hätten viel zu tun,
wenn sie alles, was von unteren Chargen an sie herangetragen
wird, ernst nehmen und ernsthaft verfolgen würden. Der Geschäftsführer ist freundlich, der Geschäftsführer hört zu –
aber ist er innerlich auch dabei? Keineswegs! Zur Professiona-
lität einer Führungskraft auf diesem Niveau gehört es, etwas
vorzugeben, das nicht den Tatsachen entspricht (vgl. Pourcelle
1984). Ihr Tunnelgräber wird nach jedem Gespräch mit dem Geschäftsführer beruhigt an seinen Arbeitsplatz zurückkehren
und in aller Ruhe seinen Aufgaben nachgehen – ganz im Sinne
der Abteilung und damit ganz in *Ihrem* Interesse.

Allerdings, das sei hier nicht verschwiegen, speichert das
Gehirn Ihres Chefs oder Chef-Chefs mit der Zeit Ihren Namen
verbunden mit den vom Tunnelgräber vorgebrachten Informationen. Dies kann – muss aber nicht (!) – dazu führen, dass Sie
eines Tages völlig unerwartet abgemahnt werden oder dass Ihnen gar gekündigt wird. Sogar dieses Worst-Case-Szenario ist,
sachlich im Sinne einer Kosten-Nutzen-Rechnung betrachtet,
weniger schlimm als das unter Umständen jahrelange »Be-
lämmertwerden« durch Ihren Tunnelgräber. Rechnen Sie den
Ärger, der Ihnen in einem derartigen Fall erspart bleibt, gegen
den Ärger über die Abmahnung oder die Kündigung auf, wird
Ihnen unzweifelhaft klar, dass sich das konsequente Fördern
des Tunnelgrabens im Endeffekt lohnt. Wie so oft im Leben
gilt auch hier der Grundsatz: Lieber ein Ende mit Schrecken als
ein Schrecken ohne Ende!

Doch soweit muss es ja nicht kommen. Die Informationen, die Ihr Vorgesetzter trotz oberflächlichen Zuhörens nach und nach von Ihrem Tunnelgräber über Ihre Arbeitsweise, Ihre Führungsqualitäten und Ihr Sozialverhalten im Allgemeinen erhält, helfen ihm, sich ein differenziertes Bild von Ihren Schwächen zu machen. So kann Ihr Chef Sie viel zielgerichteter führen und fördern, als es ihm ohne diesen Fundus an Zahlen, Daten und Fakten über Ihr Tun und Lassen möglich wäre. Er kann Sie punktuell erfolgreich kontrollieren, Ihnen Sonderaufgaben zukommen lassen, deren Ausführung Ihre Kompetenzen erhöhen, und Sie zu Schulungen schicken, in deren Genuss Sie ohne Ihren Tunnelgräber nicht gekommen wären.

Zusätzlich zu diesen gezielten Förderaktivitäten wird Ihr Chef dank der kommunikativen »Nach-oben-Aktivitäten« des Tunnelgräbers im ganz normalen Tagesgeschäft entlastend für Sie tätig werden. Schließlich geht der Sie tunnelnde Mitarbeiter ja nicht nur mit Beschwerden über Ihre Person zu Ihrem Vorgesetzten. Auch Vorschläge oder Wünsche, die Sie, seiner Einschätzung nach, nicht ohne Umstände annehmen und erfüllen, trägt er ein bis zwei Etagen höher vor. Dies führt automatisch zu Ihrer Arbeitsentlastung und reduziert die Last der Verantwortung, die Sie zu tragen haben. Jede Entscheidung, mag sie auch noch so klein sein, verlangt, dass Sie sich mit dem Für und Wider beschäftigen. Dieser nicht selten zeitraubende Prozess wird Ihnen dank der Aktivität Ihres Tunnelgräbers abgenommen: Ihr Chef oder Ihr Chef-Chef entscheidet für Sie!

WEISEN SIE BESCHWERDEFÜHRER GRUNDSÄTZLICH AB!

Selbstverständlich gibt es auch Menschen, die sich *noch* nicht der Methode des Tunnelns bedienen. Schenken Sie solchen Beschwerdeführern unter keinen Umständen Ihr Ohr! Ihre Verweigerungshaltung schützt Sie nicht nur vor der Zudringlichkeit negativistisch eingestellter Mitarbeiter, die an allem und jedem etwas auszusetzen haben. Sie ist zudem und in erster Linie eine professionelle Fördermaßnahme für potenzielle Tunnelgräber. Gemäß dem psychischen Mechanismus der Misserfolgsmotivation treibt sie diese Beschwerdeführer in kürzester Zeit in die Hände Ihres Vorgesetzten (vgl. Pessimaster 2012, S. 314 ff.).

Je schroffer die Betreffenden diese Abweisung erleben, desto schneller kommen Sie an Ihr Ziel, sie zu Tunnelgräbern zu erziehen. Sätze wie: »Machen Sie lieber Ihre Arbeit, als hier rumzunörgeln! Und zwar ein bisschen plötzlich, bevor ich mir überlege, ob Sie dieses Jahr wirklich im Sommer Urlaub brauchen!« verfehlen garantiert ihre Wirkung nicht.

Je nach Temperament können Sie auch eine softere, letztendlich aber umso zielführendere Variante der Zurückweisung wählen: Eine von Ihnen geschickt fallengelassene Bemerkung wie »Mit sowas können Sie die da oben belämmern, aber nicht mich« weist dem Beschwerdeführer direkt den Weg zu Ihrem Vorgesetzen oder dessen Chef.

IHR ERFOLG

Sie werden nicht von Ihrem Kerngeschäft abgehalten und sorgen gleichzeitig für das Wachsen der Gruppe Ihrer Tunnelgräber. Dies hat für Sie noch einen zusätzlichen Effekt: Je größer die Zahl Ihrer Mitarbeiter ist, die gute Beziehungen in die oberen Chefetagen pflegen, desto besser werden *Ihre* Chancen, im Bedarfsfall Zugang zu *Ihren* Chefs zu finden. Schließlich können Sie gleich mehrere Ihrer chefetagenerfahrenen Mitarbeiter mit der Bitte ansprechen, einen Termin beim Direktor oder Geschäftsführer für Sie klarzumachen.

DER PERFEKTIONIST

BETRIEBLICHES VERHALTEN

Der Perfektionist ist ein überaus gewissenhafter und fleißiger Mitarbeiter. Selbst der kleinsten und scheinbar unwichtigsten Details nimmt er sich in akribischer Weise liebevoll an. Er übersieht nichts. Er pfuscht nie. Und zwar nicht nur, was die inhaltliche Qualität seines Tuns betrifft! Niemals wird er eine Vorlage oder eine Präsentation erstellen, in der auch nur eine einzige Tabelle oder Grafik nicht hundertprozentig farblich in den sie umgebenden Text eingepasst ist. Mit höchster Sorgfalt wird er – wenn nötig, auch in unbezahlter Heimarbeit (!) – unterschiedliche Schrifttypen und Rahmenlinien erproben und die ästhetischen Alternativen so lange gegeneinander abwägen, bis er ein Bild erhält, das vor seinem strengen Auge Bestand hat.

So erledigt der Perfektionist alle Arbeiten mit der gleichen Sorgfalt, unabhängig davon, welche Wertigkeit ihnen von anderen Personen, vorzugsweise Vorgesetzten, beigemessen wird. Sogar scheinbar sinnlose Tätigkeiten werden in seinen Augen und unter seinen Händen zu wertvollen, aller Aufmerksamkeit und Zuwendung würdigen Gegenständen des betrieblichen Handelns.

Diese disziplinierte, selbstaufopfernde Hingabe an die Erledigung der ihm übertragenen Aufgaben, zu der nur ein Perfektionist in der Lage ist, konnte in einer bahnbrechenden chinesischen Untersuchung nachgewiesen werden (Sheng-Fui/Bei-Gong 2007). Die Forscher platzierten mithilfe des »Perfektionismus-Fragebogens« (Pingel/Pingel 1999) 110 als hochgradig perfektionistisch ausgewählte Probanden in einem engen, fensterlosen, luft-, schall- und wasserdicht abgeschotteten Kellerraum. Dort erhielten sie die folgende Instruktion:

> Erledigen Sie die aufgelisteten Aufgaben in der vorgegebenen Reihenfolge:
>
> **Aufgabe 1:** Markieren Sie mithilfe der auf Ihrem Platz bereitliegenden Werkzeuge (ein Geodreieck, vier Filzstifte in unterschiedlichen Farben) mittig auf der Oberseite Ihres linken Unterarmes ein Quadrat mit einer Seitenlänge von 20 Millimetern.
> **Aufgabe 2:** Stellen Sie die Anzahl von Körperhaaren innerhalb dieses Quadrates fest.
> **Aufgabe 3:** Errechnen Sie die Gesamtzahl Ihrer Körperhaare auf beiden Unterarmen.
> **Aufgabe 4:** Drücken Sie den Stopp-Button über der Tür.

Während sich die Versuchspersonen an die Erledigung dieser Aufgaben machten, wurde über eine verborgene Zuleitung ein Kubikmeter Wasser pro Minute in den Raum eingelassen. Die Ergebnisse dieses spektakulären Experiments belegen eindrucksvoll das für Perfektionisten typische Verhalten:

- Ausnahmslos alle Probanden machten sich in der vorgegebenen Reihenfolge an die Bearbeitung der Aufgaben.
- 87 Prozent der Probanden verwendeten alle vier Filzstifte zum Zeichnen des Quadrates.
- 74 Prozent der Probanden probierten in mehreren Versuchen auf dem rechten Unterarm (16 Prozent davon zusätzlich auf den entblößten Unter-, 2 Prozent auf den entblößten

Oberschenkeln) diverse rechts-links-oben-unten Farbkombinationen aus.

- 8 Prozent der Probanden schafften es, die Aufgabe 2 in Angriff zu nehmen.

- Einem Probanden gelang es trotz des massiven Widerstands der anderen Versuchspersonen, den mittlerweile nur im Tauchgang zu erreichenden roten Knopf zu drücken.

In der gleich großen Kontrollgruppe »perfektionismusnegativ« getesteter Versuchspersonen drückte ein Proband ungeachtet der unerledigten Aufgaben unter dem Applaus der anderen Gruppenmitglieder den Stopp-Button, als die ersten von ihnen nasse Füße bekamen.

Auch in seinem Verbalverhalten zeigt der Perfektionist eine enorme Differenziertheit und Detailliebe. Es gelingt ihm mühelos, Sachverhalte, die sich in ein, zwei Sätzen hinreichend exakt und verständlich ausdrücken lassen, in Texten von zehn- bis hundertfacher Länge sprachlich kunstvoll zu gestalten. Selbst beim Versand von E-Mails schafft er es, dem begeisterten Empfänger die banalsten Informationen in Thomas-Mannscher Manier zu vermitteln. Der perfektionistische Mitarbeiter B. erhält zum Beispiel die folgende E-Mail:

```
Hallo Herr B.,

wo im Wirtschaftsplan finde ich die Angaben zu
den Aufwendungen für Büromaterial?

MfG
Charlotte F.
```

Bereits nach zwei Stunden, die er für einschlägige Recherchen genutzt hat, antwortet Herr B. ebenfalls per Mail:

Hallo Frau F.,

Büromaterial im engeren Sinne (alltagssprachlich auch als »Material« zu bezeichnende Materialien, welche dem Büroinventar zugehörig sind, wie etwa Bezüge von Bürostühlen oder Bodenbeläge, ausgenommen) unterteilt sich in Verbrauchsgüter und Verschleißgüter. Im Erlass 1879/17a vom 22.07.1952 (gezeichnet vom damaligen stellvertretenden und mittlerweile verstorbenen Geschäftsführer Alois Kleinbeißer) wurde festgelegt, dass Schreibmaschinenpapier, Bleistifte und Radiergummis zu den Verbrauchsgütern gehören, Schreibmaschinenunterlagen und -farbbänder jedoch zu den Verschleißgütern zu zählen sind. Diese Einteilung ist nach wie vor Grundlage für die auch den Wirtschaftsplan betreffende Kategorisierung von Büromaterial. Leider lässt diese kategoriale Einteilung jedoch Interpretationsspielraum für jene in unseren Büros vorhandenen und als Anschaffungen im Wirtschaftsplan zu dokumentierenden elektronischen Arbeitsmittel zu, welche in den fünfziger Jahren des vergangenen Jahrhunderts noch nicht in unser Unternehmen Einzug genommen hatten beziehungsweise generell noch nicht existierten. Daraus ergibt sich die Schwierigkeit der kategorialen

Ein- beziehungsweise Zuordnung von »Büroma-
terialien« wie Software beziehungsweise Software-Updates einer- und USB-Sticks etc. andererseits. Gehen Sie nun von der gehandhabten
Kategorisierung des Wirtschaftsplans des Vor-
jahres (und der vorausgegangenen Jahre) aus,
wo Sie unaufgeschlüsselt (und inhaltslogisch
nicht nachvollziehbar!!!) die Software (und
die Software-Updates) auf der Seite 173 unter
Punkt 64.2.26 finden, so verwundert mich Ihre
Frage nicht. Sie gehen mit Sicherheit - wie
ich es bei den Vorarbeiten zum diesjährigen
Wirtschaftsplan auch getan habe;-) - davon
aus, dass ….

**Es folgen weitere 44 Zeilen, die der Perfektionist mit den Wor-
ten abschließt:**

Entschuldigen Sie bitte die etwas oberflächlich
in Eile erfolgte Antwort. Für weitere Auskünf-
te stehe ich Ihnen selbstverständlich gern
zur Verfügung.

Mit freundlichen Grüßen
Gerhard B.

Die profane Frage nach dem Ort, an dem die Ausgaben für Wirt-
schaftsgüter im Wirtschaftsplan zu finden seien, ergänzt der
virtuos korrekte Mitarbeiter um eine Reihe von Auskünften,
die den Wissenshorizont seiner anfragenden Kollegin enorm
erweitern und sie so in die Lage versetzen, über den Tellerrand

der eigenen Abteilung hinaus die im gesamten Unternehmen bestehenden Sachzusammenhänge zu verstehen. Auf diese Weise trägt der Perfektionist wider Erwarten zur Höherqualifizierung seiner Kollegen bei.

PERFEKTIONISTEN – DIE WAHREN KREATIVEN

Das obige Beispiel zeigt, dass perfektionistische Mitarbeiter eingefahrene Abläufe und Arbeitsprozesse kreativ aufbrechen. So verwundert es nicht, dass Perfektionisten nicht zu unterschätzende Beiträge für innovative Prozesse leisten. Immer wieder führt ihr Tun zu überraschenden Folgen für Kollegen und Vorgesetzte sowie – nicht zu vergessen (!) – für Lieferanten und Kunden.

Der Kanadische Sozialpsychologe Ben F. Airfield (2010) bewies in einem Experiment, welch unerwartete Folgen das Handeln von Perfektionisten haben kann. Er bildete dazu zwei unterschiedliche Gruppen von Versuchspersonen: Die Gruppe 1 bestand ausnahmslos aus Personen mit sehr wenig bis null Flugerfahrung. Die Gruppe 2 setzte sich aus Studenten zusammen, die von mindestens zwei ihrer Dozenten und drei ihrer Kommilitonen als überdurchschnittlich gründlich, systematisch und gewissenhaft arbeitend eingestuft worden waren. Der Grad der Flugerfahrung spielte in dieser Gruppe keine Rolle, es waren sowohl flugerfahrene als auch flugunerfahrene Personen vertreten. Niemand von ihnen hatte jedoch zuvor den Ottawa Macdonald-Cartier International Airport betreten, an dem das Experiment durchgeführt wurde.

Der Forscher gab nun den perfektionistischen Versuchspersonen der Gruppe 2 die Gelegenheit, sich drei Stunden lang mit den Örtlichkeiten des Flughafens vertraut zu machen. Im Anschluss an diese drei Stunden wurde jedem von ihnen ein flugunerfahrener Proband der Gruppe 1 zugeteilt, welcher mit einem Flugticket ausgestattet war. Dieser Proband musste nun dem perfektionistischen Probanden der Gruppe 2 die Frage stellen: »Können Sie mir sagen, wie ich zu meinem Flugzeug komme?« Der Perfektionist hatte beliebig viel Zeit, diese Frage zu beantworten, durfte sich dabei allerdings nicht von der Stelle bewegen.

Abgesehen davon, dass

- 64 Prozent der Fragenden ihren Flugsteig nicht erreichten
- und die Hälfte davon bis in die späten Nachtstunden von B. F. Airfields Mitarbeitern gesucht werden musste,
- 17 Prozent am falschen Gate auf ihren Flieger warteten
- und 13 Prozent bis zu zwei Stunden nach dem Abflug am Zielort ankamen,

beweisen einzelne Kreativereignisse, welch großes Innovationspotenzial in Perfektionisten steckt. Die interessantesten seien hier als Beispiele aufgeführt:

- Ein potenzieller Fluggast aus der Experimentalgruppe 1 forderte den Fahrer eines vor dem Flughafengebäude wartenden Taxis auf, ihn zu seinem Flugzeug zu chauffieren.
- Ein anderer von seinem perfektionistischen Instrukteur unterwiesener Flugpassagier musste von Sicherheitskräften gewaltsam daran gehindert werden, sich nackt auf das Laufband für die Gepäckdurchleuchtung zu legen.
- Einer zerschlug mit seinem Regenschirm das Display eines Eincheckautomaten.

- Einem weiteren flugunerfahrenen Probanden, der, wie sich im Nachhinein herausstellte, von einem Studenten aus der Gruppe 1 instruiert worden war, welcher bereits hunderte von Flugstunden auf seinem PC-Jetpilot-Simulator absolviert hatte, überzeugte den Piloten seines Jumbos davon, ihm den Steuerknüppel zu überlassen, und landete die Maschine nach einem Nonstopflug von exakt sieben Stunden und 45 Minuten sicher auf dem Frankfurter Flughafen.
- Sieben weitere Personen aus der Gruppe 1 beendeten das Instruktionsgespräch vor Ablauf einer Stunde einseitig und ließen den ihnen zugeteilten Studenten der Gruppe 2 stehen, bevor er seine Auskunft abgeschlossen hatte,
- und einer von ihnen ohrfeigte seinen Experimentalpartner rhythmisch zu den laut und stoßweise hervorgebrachten Worten: »Sag mir endlich, was ich machen soll, du Schwachkopf!«

Auf den betrieblichen Bereich übertragen, zeigen diese Untersuchungsergebnisse anschaulich, dass der Einsatz perfektionistischer Mitarbeiter insbesondere in kreativen unternehmerischen Prozessen alternativlos ist.

SO FÜHREN SIE PERFEKTIONISTEN

VERGEBEN SIE MÖGLICHST UNGENAUE ARBEITSAUFTRÄGE!

Um den betrieblichen Nutzen von Perfektionisten zu optimieren, geben Sie diesen Mitarbeitern ausschließlich Arbeitsaufträge von möglichst geringem Konkretisierungsgrad. Machen Sie weder über den Umfang und die Form noch über die Qualität des von Ihnen erwarteten Arbeitsergebnisses nähere Angaben – nur so wird der Perfektionist das Letzte aus sich herausholen! Dies wird Ihnen am besten gelingen, wenn Sie Ihre Anweisungen zwischen Tür und Angel erteilen. Vermeiden Sie Situationen, in denen Ihr perfektionistischer Mitarbeiter nachfragen könnte, wie er die ihm übertragene Arbeit erledigen soll (Perfektionisten neigen dazu, sich rückzuversichern!) – also keine Arbeitsanweisungen in der ungestörten Atmosphäre Ihres Büros oder am Arbeitsplatz des Mitarbeiters erteilen! Dazu zwei Beispiele:

1) Zum Ende eines Telefonats, welches Sie aus beliebigem Anlass mit der perfektionistischen Mitarbeiterin Z. führen, wechseln Sie ohne Ankündigung das Thema, indem Sie sagen: »Ein paar Ihrer Kollegen haben sich über die Bürostühle beschwert. Machen Sie sich da mal schlau!«

2) Ihr perfektionistischer Mitarbeiter S. kommt Ihnen, offensichtlich in großer Eile, auf dem Gang entgegen. Rufen Sie ihm, kurz bevor Ihre Wege sich kreuzen, zu: »Herr S., ich benötige einen Vorschlag, wie wir den Informationsfluss zu unserem Außendienst optimieren können!« Verlangsamen Sie dabei Ihren Schritt nicht und vermeiden Sie jeglichen Blickkontakt!

IHR ERFOLG

1) Bereits nach drei Monaten führt Ihnen Frau Z., die dafür bekannt ist, mit nur vier Stunden Nachtschlaf auszukommen, einen superergonomischen Bürostuhl mit integrier-

ter X-Box und ausfahrbarer Getränkehalterung vor, den sie eigenhändig konstruiert hat. Dazu übergibt Sie Ihnen eine Mappe mit den Vorarbeiten für den 34 Stühle dieser Bauart betreffenden Beschaffungsauftrag sowie den Antrag für die Erstattung der ausgelegten Patentgebühren.

2) Sie können sicher sein, dass Ihnen Herr S. nach spätestens einem halben Jahr ein fünfhundertseitiges Dossier überreicht, das Ihre Betriebswirtschaft studierende Tochter als Examensarbeit einreichen kann.

TIPP 2 LASSEN SIE NEUE MITARBEITER AUSSCHLIEBLICH VON PERFEKTIONIS= TISCHEN KOLLEGEN EINARBEITEN!

Neue Mitarbeiter sind in der Regel hoch motiviert, sich möglichst schnell in der ungewohnten Umgebung zu orientieren und einen guten Eindruck auf ihre Vorgesetzten zu machen. Sie haben sich zwar für eine bestimmte, in der Stellenausschreibung definierte Funktion beworben, wollen jedoch gleichzeitig beweisen, dass sie darüber hinaus auch anderen Aufgaben gewachsen sind als denen, die zu ihrem engeren Arbeitsgebiet gehören. Des Weiteren wollen sie verstehen, wie das neue Unternehmen generell »tickt«, und sind deshalb heiß auf alles Insiderwissen, das ihnen die Kollegen voraushaben, die schon länger in der Firma arbeiten.

Wenn Sie einem *nicht* perfektionistischen Mitarbeiter die Aufgabe der Einarbeitung übertragen, wird er sich darauf beschränken, dem Neuen das in seinen Augen Wesentliche zu erklären. Der Neue wäre folglich mit seinem Bedürfnis, einen möglichst breiten und tiefen Einblick in das ihm noch unbekannte berufliche Umfeld zu erlangen, allein gelassen. Ganz anders, wenn Sie dem Perfektionisten unter Ihren Mitarbeitern diese verantwortungsvolle Aufgabe übertragen! Der Perfektionist wird den neuen Kollegen in aller Gründlichkeit in die entferntesten Ecken und Winkel des Unternehmens führen, ihm alle Abteilungen zeigen und die dortigen Arbeitsabläufe erläutern. Er wird dem staunenden Neuling die verborgensten Verästelungen bestehender Netzwerke nahebringen und ihn, last but not least, über private und familiäre Hintergründe seiner neuen Kollegen und Vorgesetzten detailliert und wahrheitsgetreu informieren.

Erteilen Sie Ihrem perfektionistischen Mitarbeiter in der in Tipp 1 dargestellten knappen, unkonkreten Weise den Einarbeitungsauftrag. Dazu reicht ein Satz wie: »Nehmen Sie sich bitte Ihrer neuen Kollegin Frau Z. an.« Der Perfektionist wird – nicht zuletzt unter Aufwendung all seiner Kreativkräfte – schon wissen, was zu tun ist!

Frau Z. teilen Sie mit, dass sich Herr K. »um sie kümmern« wird. Sollte Frau Z. Näheres wissen wollen, verweisen Sie auf Herrn K.: »Das wird Ihnen Herr K. erläutern.«

IHR ERFOLG

Die neue Mitarbeiterin wird einen ungewohnt breiten und tiefen Einblick erhalten, der deutlich über ihr unmittelbares Tätigkeitsfeld hinausgeht. Die umfassende Fach-, Methoden- und Sozialkompetenz, welche sie dank des akribischen Engagements von Herrn K. erlangen wird, eröffnet Ihnen, als ihrer Führungskraft, optimale Möglichkeiten, zukünftigen Personalengpässen angemessen zu begegnen. Welcher Ihrer Mitarbeiter auch immer ausfallen mag, die (ehemals) Neue wird, derart umfassend vorbereitet, auch sachfremdeste Tätigkeiten übernehmen und sich in neue Teamsituationen einfügen können – sie weiß ja schon alles und kennt ja schon jeden!

Kleiner Tipp: Seien Sie geduldig! Die von Ihrem Perfektionisten organisierte und begleitete Einarbeitung braucht ihre Zeit – Rom ist schließlich auch nicht an einem Tag erbaut worden, aber seine Schönheit strahlt nach Jahrtausenden noch hell! Der Nutzen, den Sie aus der Rundum-Einsetzbarkeit eines Mitarbeiters ziehen, wiegt allemal die Tatsache auf, dass die Arbeiten, für die Sie ihn eingestellt haben, im ersten halben Jahr noch von seinen Kollegen mit erledigt werden müssen.

TIPP 3 **BESETZEN SIE PROJEKTGRUPPEN MIT MÖGLICHST VIELEN PERFEKTIONISTEN!**

Projekte werden aufgelegt, um betriebliche Probleme zu lösen oder Neues zu kreieren. Beide Aufgaben erfordern ein hohes Maß an Kreativität. Wie das Flughafen-Experiment beweist, führen nicht alle von Perfektionisten vorgenommenen Interventionen zu erfinderischen und originellen Ergebnissen. Aber *einige* davon bringen Prozesse in Gang, die das Siegel »höchst kreativ« verdienen. Und genau darauf kommt es doch in Lösungsfindungs- und Entwicklungsszenarien ganz besonders an! Schon ein, zwei Perfektionisten in einem Projektteam können Wendungen im Gruppen-Denkprozess bewirken, die auf ungeahnte, extrem nutzbringende Wege führen!

Führen Sie im kleinen Stil mit den Mitarbeitern, die Ihres Erachtens zu Perfektionismus neigen, ein Experiment à la Airfield durch (vgl. Airfield 2010). Das muss nicht aufwendig sein oder gar wissenschaftlichen Forschungsstandards genügen. Es soll allein dem Ziel dienen, jene ein, zwei Perfektionisten unter Ihren Mitarbeitern auszuwählen, die besonders dazu in der Lage sind, extraordinäre kreative Denk- und Handlungskonsequenzen hervorzurufen.

Ein solches Experiment könnte etwa folgendermaßen aussehen: Sie teilen in Vieraugengesprächen, die mindestens zwei Wochen auseinanderliegen, jedem Ihrer Mitarbeiter mit vermuteten perfektionistischen Verhaltensanteilen dasselbe mit: »Ich habe heute leider keine Zeit, in die Kantine zu gehen. Sagen Sie doch bitte einem der Köche, dass es schön wäre, wenn es in den nächsten Tagen wieder mal Königsberger Klopse gäbe.« Nun brauchen Sie in den folgenden zwei Wochen nur noch zu registrieren, was auf dem Speiseplan steht und was ansonsten Ungewöhnliches in der Kantine geschieht.

Werden tatsächlich Königsberger Klopse angeboten und ansonsten geschieht in der Kantine nichts Auffälliges, können Sie davon ausgehen, dass dieser Mitarbeiter nichts Kreatives generiert hat und folglich für die Projektarbeit nicht besonders geeignet ist.

Gibt es Königsgarnelen in Polnischer Sauce, ist dies zwar eine besonders leckerere Abwechslung im ansonsten eintönigen Kantinenessen. Dieses Ergebnis Ihrer Bitte um Königsberger Klopse fällt jedoch eher in die Kategorie Kommunikationsproblem. Der Mitarbeiter, der dieses schlichte Missverständnis verursacht hat, ist deshalb auch nicht der Richtige für Ihr Projektteam. Deshalb: Achten Sie auf wirkliche Besonderheiten! Etwa darauf, dass Ihnen an der Essensausgabe ein offensichtlich frisch eingestellter, rundbäckiger, kugelbäuchiger – also geradezu klopsiger (!) – Küchenhelfer auffällt, der beim Befüllen der Menü-Teller in ostpreußischem Dialekt den Namen des jeweiligen Gerichts intoniert. *Das* ist eine Kreativkonsequenz von der Qualität, die innovatives Handeln und damit auch den angestrebten Projekterfolg garantiert. Der Mitarbeiter, der Ihre Bitte offensichtlich auf seine Weise dem Küchenchef gegenüber ausgesprochen hat, ist zweifelsohne Ihr Mann für die Projektleitung!

IHR ERFOLG

Ihre mit möglichst vielen Perfektionisten besetzten Projektgruppen werden ungeahnte kreative, dem Unternehmen nützende Ergebnisse erzielen. Sollten Sie nicht selbst der Entscheider für die Zusammensetzung eines Projektteams sein, so können Sie doch entsprechende Empfehlungen aussprechen – höheren Ortes wird man sich für Ihre Vorschläge bedanken!

Wird ein perfektionistischer Mitarbeiter gar, wie beispielhaft oben dargestellt, durch Ihre Initiative Projekt*leiter*, wird der Erfolg noch gewaltiger sein. Denn neben der Maximierung des Projektergebnisses entsteht ein deutlicher und messbarer Nutzen für Ihr Unternehmen durch die Tatsache, dass Ihr Perfektionist so gut wie alle im Projekt anfallenden Arbeiten selber erledigt! Vergessen Sie deshalb, was Sie in Sachen Projektmanagement gelernt haben: Ein perfektionistischer Projektteamleiter ist weit mehr als nur Koordinator der projektintern zu erledigenden Arbeiten. Da er alles selber macht, wird Ihr Unternehmen in die Lage versetzt, darauf zu verzichten, weitere Mitarbeiter für ein Projektteam abzustellen. Zudem braucht sich der perfektionistische Teamleiter nicht mit der Steuerung und Kontrolle seiner Teammitglieder herumzuplagen. Auf diese Weise wird extrem wenig Manpower aus dem Tagesgeschäft abgezogen – und das rechnet sich!

Sollten Ihre Vorgesetzten entgegen Ihrer Empfehlung darauf bestehen, weitere Mitarbeiter in das Projektteam zu berufen, wird die Projektarbeit für diese Teammitglieder keine Zusatzbelastung darstellen – der Projektleiter wird sie voll und ganz entlasten. Auch für diesen Fall leisten Sie mit Ihrem Projektleiter einen nicht zu unterschätzenden Dienst für Ihr Unternehmen – und zwar in Form eines Beitrags zur Burnout-Prävention für gleich mehrere Mitarbeiter!

DER FAULE

BETRIEBLICHES VERHALTEN

Wohl kein Mitarbeiter wird hinsichtlich seiner Qualitäten und seines Wertes für den Unternehmenserfolg so verkannt wie der Faule. Ja, nicht nur verkannt, sondern auch verteufelt und beleidigt! Allein der Begriff »faul« weckt zutiefst negative Assoziationen, vor allem, wenn er, in Bezug auf faule Mitarbeiter, geradezu bösartig mit Art- und Gattungsbezeichnungen von Tieren gekoppelt wird. Wer hat nicht schon mitbekommen, dass ein Kollege als »fauler Hund«, »faule Sau« oder, weniger spezifisch, als »Faultier« tituliert wurde. Und wer hat – Hand aufs Herz – nicht irgendwann sogar selbst bei derartigen Diffamierungen mitgewirkt?

Wie unangemessen die Bezeichnung »Faultier« – jedenfalls in der Intention, mit der sie verwendet wird – sowohl für den Mitarbeiter als auch für das Tier ist, beweist die Entwicklungsgeschichte des Faultiers. Faultiere gehören zu den erfolgreichsten Spezies der Evolutionsgeschichte! Bereits seit 34 Millionen Jahren sind sie in Südamerika heimisch, und in Nordamerika leben und überleben Faultiere seit nunmehr acht Millionen Jahren (Pujos et al. 2012). Verwendet man die Analogie zwischen Tier und Mensch jedoch nicht (ab)wertend, sondern rein deskriptiv, ergibt die Bezeichnung »Faultier« für einen faulen Mitarbeiter durchaus Sinn: Faultiere bewegen sich extrem langsam. In einer in Rückenlage hängenden Körperhaltung hangeln sie sich zum Zwecke der Nahrungssuche von Ast zu Ast, wobei sie Geschwindigkeiten von wenigen Metern pro

Minute erreichen. Auf diese Weise legen Faultiere im Verlauf eines Tages in der Regel weniger als hundert Meter zurück. Vergleichen wir nun diese Art der Bewegung und Fortbewegung mit der eines faulen Mitarbeiters, tun wir diesem durchaus kein Unrecht, verbringt er doch seinen Arbeitstag vorzugsweise in lässiger Haltung im selben Raum auf demselben Stuhl, den er in der Regel nur zur Nahrungsaufnahme, zum Rauchen und zum Verrichten seiner Notdurft verlässt.

DER DUFT DER FAULHEIT ALS ARBEITSMOTIVATOR

Diffamiert werden Faule aber nicht nur durch die Verknüpfung des Adjektivs »faul« mit einem Tiernamen. Ebenso unangemessen und schlichtweg falsch ist die immer wieder zur Kennzeichnung fauler Mitarbeiter gebrauchte verbale Koppelung mit dem Wortteil stink- beziehungsweise stinke-. Ein fauler Mitarbeiter ist nicht *stinke*faul, nein, er ist eher *dufte*faul! Denn ein fauler Mitarbeiter transpiriert in der Regel nicht. Weder Arbeitshetze noch die Angst, ihm übertragene Aufgaben nicht rechtzeitig erledigen zu können, treiben ihm den Schweiß unter die Achseln. Ganz im Gegenteil: Der Faule duftet! Er duftet, weil er sich auch am Arbeitsplatz die Zeit für ausgiebige Körperpflege nehmen kann. Neben dem Maniküren führt vor allem das Parfümieren dazu, dass faule Mitarbeiter Wohlgerüche verströmen, die nicht ohne durchaus wünschenswerte Folgen für ihre Kollegen bleiben.

Angenehme Gerüche wirken sich generell positiv aus. Wo es duftet, hält man sich lieber auf als in einer neutral oder unangenehm riechenden Umgebung. Der britische Verhaltens-

forscher Brian Noseman (Noseman 2013) hat dies in einer vergleichenden Feldstudie eindrucksvoll nachgewiesen.

Für sein Experiment rekrutierte er 80 weibliche und 80
männliche Probanden, die sowohl ihren Wohnsitz als auch
ihren Arbeitsplatz in südenglischen Städten von mehr als
50 000 Einwohnern hatten. Angeblich als Bestandteil einer
vergleichenden kulturwissenschaftlichen Studie zum Thema
»Berufstätigkeit im ländlichen Bereich in der Wahrnehmung
externer Besucher« führte Noseman die nach Geschlechtern
sortierten Probandengruppen getrennt voneinander (a) in den
Stall eines Schweinezuchtbetriebes im Londoner Vorland und
(b) in eine Parfümerie der angrenzenden Kleinstadt. In jeder
der beiden Räumlichkeiten hielt der Wissenschaftler, nachdem die Außentüren geschlossen waren, den Versuchspersonen wortwörtlich denselben 47-minütigen Vortrag über Sinn
und Zweck kulturwissenschaftlicher Studien im Allgemeinen
und die historische Entwicklung von Berufsbildern im ländlichen Raum im Speziellen. Auf diese Weise war gewährleistet, dass der kommunikative Kontakt des Forschers zu seinen
Probanden keinen Unterschied zwischen den Bedingungen des
physiosozialen Feldes (a) und (b) ausmachte. Und da vor dem
Besuch der Probandengruppen sowohl die Größe der Räumlichkeiten als auch deren Farbgebung mittels entsprechender
Baumaßnahmen einander angeglichen worden waren, war zudem gesichert, dass die vorherrschenden Gerüche den größten
und entscheidenden Einfluss auf die zu messenden Verhaltensunterschiede zwischen den Versuchspersonen der männlichen
und der weiblichen Gruppe ausmachten. Die als Schweinebau-
ern beziehungsweise Parfümerieverkäuferinnen getarnten
Assistenten des Wissenschaftlers dokumentierten neben der
Verweildauer der Probanden im jeweiligen Etablissement auch

die Art des vorzeitigen Verlassens des Stalles beziehungsweise der Parfümerie.

Die Ergebnisse der Studie beweisen nicht nur die generelle kausale Wirkung spezifischer Geruchswahrnehmungen auf das Verhalten, sondern belegen darüber hinaus geschlechtsspezifische Unterschiede:

- Die Frauen hielten sich durchschnittlich 23,5 Mal länger in der Parfümerie auf als im Schweinestall. Sie räumten die Parfümerie erst auf wiederholte Aufforderungen des Personals hin – im Mittelwert zwölf Minuten nach Ladenschluss und unter lautstarkem Protest.
- 16 Prozent der weiblichen Probanden verließen den Schweinestall bereits in den ersten fünf Minuten, weitere 31 Prozent bis zur elften und schließlich noch einmal 49 Prozent bis zur 16. Minute. Nur eine Probandin blieb bis zur 48. Minute, dem Ende des Vortrags, im Stall. Wie sich in der Nachbefragung durch den Versuchsleiter herausstellte, handelte es sich um eine Bäuerin, die notgedrungen seit einem halben Jahr in der Stadt lebte und arbeitete.
- Die Verhaltensbeobachtung ergab zudem, dass offensichtlich nur eine Minderheit der Probandinnen im Stall dem kulturwissenschaftlichen Vortrag wirklich folgte. Die meisten Damen hielten nach Fluchtwegen Ausschau und unterhielten sich flüsternd über die möglichen Konsequenzen, die ein vorzeitiges Verlassen des Ortes in Bezug auf das Versuchspersonenhonorar für sie haben könnte.
- Die Art und Weise, wie die Frauen den Stall verließen, unterschied sich von der ihres Verlassens der Parfümerie: Es ging erheblich schneller vonstatten (die Dokumentation spricht von »fluchtartig«) und wurde in 87 Prozent der Fälle

mit zugehaltener beziehungsweise per Taschentuch abgedeckter Nase vollzogen.

- In der Gruppe der männlichen Probanden ließ sich kein signifikanter Unterschied in der durchschnittlichen Verweildauer an beiden Testorten feststellen: Die Männer blieben genauso lange im Schweinestall wie in der Parfümerie.

- Im Vergleich zur Gruppe der weiblichen Probanden war ihre Verweildauer im Schweinestall jedoch signifikant größer, das heißt, die Männer verweilten deutlich länger im Schweinestall als die Frauen.

- Lediglich zwei Männer (2,5 Prozent) verließen den Stall vor Ablauf der 47 Minuten des Vortrags, während andererseits vier (5 Prozent) wegen freier Stellen im Mastbetrieb nachfragten.

Inwieweit sich die gefundenen geschlechtsspezifischen Unterschiede bezüglich des Zusammenhangs von Geruchswahrnehmung und Verhalten auf die Arbeitswelt übertragen lassen, wird in weiteren Studien untersucht werden müssen. Dabei wird vor allem zu klären sein, ob die Duftnoten fauler Mitarbeiter in erhöhtem Maße motivierend auf den aufgabenkonzentrierten Verbleib der weiblichen Kollegen am Arbeitsplatz wirken. *Dass* ursächliche Zusammenhänge zwischen Gerüchen und örtlicher Verweildauer bestehen, ist heute hinlänglich bewiesen und wird im Einzelhandel bereits seit Jahren gezielt zur Verkaufssteigerung genutzt. So gehört es in größeren Supermärkten zur gängigen Praxis, Kunden durch Geruchsmoleküle, die über Klimaanlagen verbreitet werden, zielgerichtet zum längeren Aufenthalt im Ladengeschäft und zum Einkaufen zu motivieren (Morrin 2005).

Bereits im 18. Jahrhundert hat der Dichter Friedrich Schiller gewusst, dass Faulheit beziehungsweise »Fäulniss« die Kreativität und Arbeitsleistung von Menschen fördert. Dieses Wissen hat er überaus erfolgreich angewandt: Schiller verwahrte, wie kein Geringerer als Johann Wolfgang von Goethe berichtet, faule Äpfel in der Schublade seines Schreibtisches, weil er den »Geruch des Verfalls« zum Schreiben brauchte (vgl. Wikipedia »Friedrich Schiller«). Auf den betrieblichen Bereich übertragen, lässt dieses Phänomen die Hypothese zu, dass selbst solche faulen Mitarbeiter, die sich nicht im Verlaufe des Arbeitstages parfümieren, per se eine positive Geruchswirkung auf ihre Kollegen und Vorgesetzten haben. Vermutlich versprüht der Faule ein Aktivierungsaphrodisiakum, das für die Menschen in seiner Umgebung anregend auf ihr Verlangen nach Arbeit wirkt und ihr Lustempfinden bei der Ausübung ihrer Tätigkeiten steigert.

Aber auch ohne diese olfaktorische Komponente zeigt das bloße Vorhandensein eines faulen Mitarbeiters erfreuliche Effekte: Leistungsschwache Kollegen, deren defizitäre Arbeitsergebnisse nicht auf Faulheit zurückzuführen, sondern durch Ausbildungs- oder Intelligenzmängel bedingt sind, leiden weniger unter Minderwertigkeitserfahrungen, wenn sie sich sagen können: »Der schafft ja noch weniger als ich, also ist meine Arbeitsleistung gar nicht so schlecht.«

Zudem zeigt sich der große betriebliche Nutzen fauler Mitarbeiter in ihrer Wirkung auf leistungsstarke Kollegen, von denen nicht wenige Burnout-gefährdet sind. Vor allem in Zeiten hoher Arbeitsbelastung, wenn Mehrarbeit und Überstunden die Mitarbeiter bis an die Grenzen ihrer Belastungsfähigkeit fordern, wird ein überlastungsgefährdeter Leistungsträger mit Blick auf den faulen Kollegen davor bewahrt, leichtfertig und unverantwortlich über die Alarmsignale seiner Psyche (»Am liebsten würde ich alles hinschmeißen«) und seines Körpers (»Ich wache nachts schweißgebadet mit dem Gedanken an meine unerledigten Arbeiten auf«) hinwegzugehen. Er sieht mit Blick auf den faulen Kollegen: »So geht's doch auch!«, denkt sich: »L. m. a. A.«, arbeitet langsamer und gönnt sich unter Zuhilfenahme des sogenannten Gelben Scheines hin und wieder eine Auszeit, die ihn vor der drohenden Überforderung bewahrt. War bis dato Life-Work-Balance für ihn ein Fremdwort, so wird es jetzt gelebte Wirklichkeit!

SO FÜHREN SIE FAULE

TIPP 1

MACHEN SIE IHRE FAULEN MITARBEITER ZU BURNOUT-SEISMOGRAFEN!

Faule Mitarbeiter haben ein untrügliches Gespür für belastende Tätigkeiten. Nutzen Sie diese Fähigkeit gezielt zur Stabilisierung der Gesamteffektivität der Arbeitsleistungen Ihrer Mitarbeiter! Weil die Anzahl der Krankheitstage aufgrund von Burnout von 2004 bis 2011 um das 18-fache gestiegen ist (Grabitz/Wisdorff 2013), wird es zur Pflicht jeder Führungskraft, besonders anstrengende Arbeiten von den gefährdeten leistungsstarken Mitarbeitern fernzuhalten. Aber um welche Tätigkeiten handelt es sich hierbei? Was sind die besonders anstrengenden Arbeiten? Ein allgemeingültiger Katalog lässt sich hierzu gewiss nicht aufstellen, sind die Aufgaben, die in den unterschiedlichsten Berufen und Branchen sowie auf den verschiedenen Hierarchieebenen anfallen, doch mehr als vielfältig und zahlreich. Sie können lediglich für Ihren ganz individuellen Verantwortungsbereich, für Ihre Abteilung, für Ihr Team, derartige Tätigkeiten definieren. Hierbei wird jeder faule Mitarbeiter zum unersetzlichen Helfer für Sie! Sind Sie sich nicht sicher, welche Tätigkeiten Ihre leistungsstarken Mitarbeiter ins Burnout treiben können, geben Sie eine Auswahl von möglicherweise schwierigen Tätigkeiten einem faulen Mitarbeiter – nur zum Schein! – zur Bearbeitung. Kontrollieren Sie dann nach einer für die jeweilige Aufgabe angemessenen Zeitspanne den Fortgang der Arbeit. Aber achten Sie bei dieser Kontrolle unbedingt darauf, dass Sie den Faulen nicht unter Druck setzen! Denn wenn er aus Angst vor negativen Konsequenzen doch die eine oder andere schwierige Arbeit anpackt, verfälscht dies die Aussagekraft Ihres Tests.

Am besten, Sie schaffen eine entspannte Situation, in der Sie sich wie beiläufig nach dem Stand der Dinge erkundigen. Beispielsweise geben Sie vor, mit dem faulen Mitarbeiter Ihre zehnjährige Zugehörigkeit zur Freiwilligen Feuerwehr feiern zu wollen und laden ihn zu einem kleinen Imbiss mit Brezeln und Sekt in Ihr Büro ein. Wenn der Alkohol seine Wirkung zu zeigen beginnt (bei männlichen Mitarbeitern merken Sie es daran, dass Ihr Gegenüber schmutzige Witze erzählt, bei weiblichen an der verschwimmenden Artikulation und deplatziertem Kichern), bringen Sie das Gespräch in betonter Lässigkeit auf die spezifischen, dem Mitarbeiter übertragenen Arbeiten. Bedienen Sie sich dabei vorzugsweise einer unverfänglichen Ich-Botschaft, um den Faulen thematisch zu locken. Zum Beispiel: »In so einer schönen Stimmung wie jetzt hab' ich nicht die geringste Lust, mich mit dem Scheiß zu beschäftigen, den mir der Geschäftsführer aufs Auge gedrückt hat. Am liebsten würd' ich ihm den ganzen Mist unbearbeitet auf seinen Schreibtisch knallen. Kennen Sie das auch?« Macht Ihr fauler

Mitarbeiter entsprechende Andeutungen oder sagt er frei heraus, dass er auf diese oder jene der Aufgaben, die er von Ihnen bekommen hat, »keinen Bock« hat, zeigen Sie – in vermeintlicher Feierlaune (!) – Verständnis, haken sich bei ihm ein, begleiten ihn an seinen Arbeitsplatz, lassen sich die jeweiligen Aufgaben zeigen und nehmen sie mit der Bemerkung an sich: »Versteh ich ja, dass Ihnen das keinen Spaß macht – geben Sie mal her, ich mach das schon selbst.«

IHR ERFOLG

Neben der nicht zu unterschätzenden positiven Auswirkung dieses Führungsschachzugs auf den faulen Mitarbeiter selbst, der sich in seinem betrieblichen Verhalten bestärkt fühlt und gern weiter Teil Ihres Teams sein wird, liegt der Erfolg Ihres Handelns in Sachen Burnout-Prophylaxe auf der Hand: Weil Sie gezielt krankmachende Tätigkeiten selbst erledigen und somit von Ihren Mitarbeitern fernhalten,

- reduzieren Sie die Krankheitstage in Ihrem Team erheblich, was höheren Orts wohlwollend zu Ihren Gunsten registriert werden wird,
- bleiben Sie, was das operative Geschäft angeht, in Form
- und steigen in der Achtung Ihrer Mitarbeiter, weil Sie sich auch für die niedersten Arbeiten nicht zu schade sind!

SETZEN SIE FAULE MITARBEITER ALS PRIORISIERUNGS=COACHES EIN!

Auch wenn es nicht um Mitarbeiter gefährdende Aufgaben geht, sondern darum, bei hohem Arbeitsaufkommen festzulegen, welche Arbeiten vorrangig erledigt werden müssen, kann Ihnen ein fauler Mitarbeiter, richtig eingesetzt, die entscheidenden Hinweise geben. Der Faule wird nämlich, wenn es unumgänglich ist, das Wichtigste und, im Extremfall, das existenziell Wichtigste tun und Überflüssiges konsequent vernachlässigen. Bildlich gesprochen heißt das: Werfen Sie einen Faulen ins Wasser, wird er Schwimmbewegungen machen, von seiner Zeitschriftenlektüre jedoch absehen. Von dieser Fähigkeit fauler Mitarbeiter sollten Sie gezielt Gebrauch machen, um in Stresssituationen die in Ihrem Verantwortungsbereich anfallenden Aufgaben richtig zu priorisieren.

Setzen Sie den Faulen leicht bis mittelschwer unter Druck. Dafür bietet sich eine Drohung an wie: »Wenn Sie diese Arbeiten nicht alle innerhalb von drei Tagen, also bis Donnerstag 23.59 Uhr, erledigt haben, werde ich Sie in Zukunft bei der Vergabe von Sonderaufgaben übergehen.« Selbstverständlich dürfen Sie diese Drohung niemals wahrmachen, weil Sie den hier vorgeschlagenen Führungstipp sonst nur ein einziges Mal in die Tat umsetzen könnten.

Derart unter Druck gesetzt wird der Mitarbeiter nur das Allernotwendigste tun. Klug, wie er ist, wird er dabei, um gut Wetter zu machen, garantiert die wichtigsten Aufgaben auswählen.

IHR ERFOLG

Der faule Mitarbeiter wird auf diese Weise, ohne es auch nur zu ahnen, zu Ihrem Priorisierungs-Coach! Ruckzuck lernen Sie von ihm, welche Arbeiten in Zeiten der Arbeitsüberlastung vorrangig erledigt werden müssen und was Ihre Mitarbeiter erst zu einem späteren Zeitpunkt in Angriff zu nehmen brauchen. Vor allem die Perfektionisten in Ihrer Mannschaft können Sie – wenn nötig – aufgrund der so gewonnenen Differenzierung von Wichtigem und weniger Wichtigem gezielter führen (vgl. das Kapitel »Der Schwätzer«, S. 9 ff.).

TIPP 3   NUTZEN SIE FAULE MITARBEITER ZUR EFFEKTIVITÄTSOPTIMIERUNG!

Auch in weniger stressigen Zeiten, wenn das Tagesgeschäft mehr oder weniger problemlos vonstattengeht, können Sie Ihre faulen Mitarbeiter als »heimliche Arbeitsmethodikberater« einsetzen. Die Macht der Gewohnheit ist bekanntermaßen groß. Im betrieblichen Bereich führt dies dazu, dass wir uns die Fragen »Müssen wir das wirklich machen?« und »Was passiert, wenn wir es in Zukunft nicht mehr tun?« in der Regel gar nicht stellen. Der Faule jedoch stellt sich diese Fragen nicht nur, nein, er kennt auch die Antworten! Nutzen Sie sein Wissen, um den Arbeitsoutput Ihres Teams zu optimieren!

Sicher haben Sie auch schon die Erfahrung gemacht, dass sich vieles von selbst erledigt, wenn es nur lange genug liegen bleibt. Von selbst? Nein, gewiss nicht! Die entsprechende Arbeit wurde in Wirklichkeit keineswegs erledigt! Sie wurde gar nicht erst angepackt. Und dieses Nicht-Tun hatte keinerlei

negative Konsequenzen! Was schließen wir daraus? Den Geset-
zen der Logik folgend heißt das doch: Die unerledigte Tätigkeit
musste, und muss auch zukünftig, gar nicht erledigt werden.
Sie war und ist schlicht überflüssig!

Falls Sie sich nicht sicher sind, welche Arbeiten in Ihrem
Verantwortungsbereich überflüssig sind, sehen Sie von Zeit
zu Zeit die Papierstapel eines faulen Mitarbeiters durch oder
werfen Sie einen Blick in seine Schreibtischschubladen. Sollte der Mitarbeiter Sie bei dieser Recherche ertappen, sagen Sie
ihm am besten: »Ich hab' momentan ein bisschen Leerlauf und
wollte mal gucken, ob Sie nicht noch irgendwas liegen haben,
was ich Ihnen abnehmen könnte.« Ihre auf diese Weise ergat-
terten Fundsachen überprüfen Sie anschließend daraufhin, ob
(a) die Notwendigkeit der Erledigung immer noch besteht und
(b) ob die bisherige Nichterledigung irgendwelche negativen
Folgen nach sich gezogen hat. Sollten weder (a) noch (b) der Fall
sein, können Sie Ihre Mitarbeiter und sich selbst in Zukunft
dadurch entlasten, dass Sie entsprechende Aufgaben gar nicht
erst vergeben beziehungsweise, falls sie von Ihrem Vorgesetzten an Sie weitergereicht wurden, umgehend vernichten.

IHR ERFOLG

Erfahrungsgemäß lassen sich durch derart konsequent durch-
gezogene Effektivitätssteigerungsmaßnahmen bis zu zehn
Prozent der in einer Arbeitsgruppe oder Abteilung anfallenden Aufgaben ersatzlos streichen, was zu einem entsprechen-
den Gewinn an Arbeitszeit führt und infolgedessen den Arbeitsoutput bei den wertschöpfenden Tätigkeiten erhöht.

STELLEN SIE MÖGLICHST VIELE
FAULE MITARBEITER EIN!

Der soziale Status einer Führungskraft wird nicht zuletzt aus der Anzahl der von ihr geführten Mitarbeiter geschlossen. Leiten Sie eine Abteilung von vier Mitarbeitern – inklusive Ihrer eigenen Person! –, so werden Sie sowohl in der Firma als auch in Ihrem Freundes- und Bekanntenkreis nicht so hoch angesehen, als wenn Sie eine dreißig- oder vierzigköpfige Abteilung führten. Deshalb ist es eines der vorrangigsten Ziele jeder Führungskraft, dafür zu sorgen, dass der Stellenschlüssel aufgestockt wird. Dies wird Ihnen aber schwerlich gelingen, wenn Sie nur fleißige Mitarbeiter in Ihren Reihen haben! Fleißige Mitarbeiter schaffen das Gesamtvolumen der in Ihrem Verantwortungsbereich anfallenden Aufgaben locker, es gibt kaum Engpässe, alles wird gut und schnell erledigt. Wie wollen Sie in so einer betrieblichen Grundsituation der Geschäftsleitung gegenüber rechtfertigen, dass Sie mehr Mitarbeiter brauchen?

Sollten Sie Ihre neuen Mitarbeiter bei anstehenden Stellenbesetzungen nicht im Alleingang auswählen dürfen, gehen Sie in die Offensive! Schlagen Sie Ihrem Vorgesetzten oder der Personalleitung mithilfe einer detaillierten Kosten-Nutzenrechnung vor, wie viel Geld Ihr Unternehmen einspart, wenn von der Stellenausschreibung über die Sichtung der eingehenden Bewerbungsunterlagen bis zu den Bewerbungsgesprächen und der zu treffenden Entscheidung alles in einer Hand ist. In *Ihrer* Hand! Sollten Ihre Ansprechpartner uneinsichtig sein, scheuen Sie sich nicht, sich mit Ihrem Ressourcen-Einsparungs-Plan direkt an die Geschäftsführung zu wenden.

Haben Sie auf diese Weise erreicht, dass Ihnen bei der Einstellung niemand hineinredet, haben Sie freie Fahrt. Nun kaufen Sie sich ein Exemplar der im Buchhandel erhältlichen, von dem Arbeitspsychologen Curt Drömer entwickelten »Fleißskala« (Drömer 2007). Dieses Testinstrument ermöglicht es Ihnen, mit großer Trennschärfe und hoher Verlässlichkeit den Faulsten unter den Stellenbewerbern herauszufiltern. Im Vorstellungsgespräch brauchen Sie es den Bewerbern nicht vorzulegen. Es reicht, wenn Sie die Testfragen auswendig lernen und hin und wieder eine in den Dialog einfließen lassen. Zum Beispiel: »Was tun Sie lieber: Arbeiten oder Faulenzen?« »Welcher Schlaf ist gesünder: Der Nachtschlaf oder der Büroschlaf?« Die Antworten können Sie sich dann der vorgegebenen Codierungsanleitung entsprechend notieren.

IHR ERFOLG

Bei der Aufstockung der Mitarbeiterzahl wird Ihre Abteilung bevorzugt behandelt werden, und bei Stellenreduzierungen ist Ihr Team als letztes dran!

TIPP 5 STELLEN SIE SICH GUT MIT IHREM FAULSTEN MITARBEITER!

Entschleunigung ist gesamtgesellschaftlich im Kommen. Gelten Menschen, die Langsamkeit als Lebensmaxime propagieren, heute auch noch zu einer belächelten Minderheit, in nicht allzu ferner Zukunft werden sie als Vorreiter einer Kultur der Stressfreiheit verehrt werden. Aufgrund der bislang ungebremst wachsenden Kollateralschäden, die der immer schnellere Wandel von Arbeits- und Kontrolltechniken mit sich bringt, werden zuerst im Berufsleben einschneidende Maßnahmen zur Verlangsamung eingeführt werden. Konkret bedeutet dies, dass es bald möglicherweise, nach dem Vorbild der Gleichstellungsbeauftragten, in Unternehmen und Behörden betrieblich freigestellte Entschleunigungsbeauftragte geben wird. Für diesen Fall ist es nicht auszuschließen, dass Ihr faulster Mitarbeiter solch eine, mit einer gehörigen Portion Macht ausgestattete Funktion übernehmen wird. Also: Stellen Sie sich gut mit ihm, er könnte sonst Ihre Karriere gefährden!

Bereiten Sie Ihren faulsten Mitarbeiter jetzt schon auf seine zukünftigen Aufgaben als Entschleunigungsbeauftragter vor. Überlegen Sie sich, was außer den bei Faulen bereits vorhandenen Seinsqualitäten (vgl. die Ausführungen zum Faultier auf S. 48 f.) speziell in Ihrem Unternehmen zu den Kernkompetenzen eines Entschleunigungsbeauftragten gehören könnte. Informieren Sie Ihren faulsten Mitarbeiter über Ihr Vorhaben und checken Sie gemeinsam mit ihm – in aller Ruhe! –, inwieweit er bereits über diese Kompetenzen verfügt und wo noch Optimierungsbedarf besteht. Berücksichtigen Sie bei der Verwendung Ihres Weiterbildungsbudgets den potenziellen Entschleunigungsbeauftragten vorrangig. Scheuen Sie sich nicht, ihm auch bislang unübliche Weiterbildungsmaßnahmen wie etwa einen vierwöchigen Aufenthalt in einem Wellnesshotel zukommen zu lassen.

IHR ERFOLG

Wenn dieser Mitarbeiter in einigen Jahren die Funktion des Entschleunigungsbeauftragten wahrnimmt, werden Sie in ihm einen stets loyalen Verbündeten haben, der Sie rechtzeitig über kommende Entschleunigungsmaßnahmen informieren und mit der gebotenen Langsamkeit bei deren Umsetzung unterstützen wird. Für den Fall, dass es im Laufe Ihres Arbeitslebens nicht zur Einführung einer Entschleunigungsbeauftragtenstelle kommt, waren Ihre Bemühungen um die Weiterbildung Ihres faulsten Mitarbeiters dennoch nicht umsonst, denn umso entspannter und gesünder er ist und bleibt, desto besser können Sie ihn anderweitig für das Gedeihen Ihrer Arbeitsgruppe oder Abteilung einsetzen (vgl. die Tipps 1 bis 3).

DER CHAOT

BETRIEBLICHES VERHALTEN

Der Chaot liebt wie kein Zweiter Vielfalt und Überraschungen. Zudem ist er extrem autonom, denn die kreative Vielfalt, mit der er sich und andere stets aufs Neue überrascht, stellt er eigenhändig her. Dazu braucht der Chaot weder ein grundlegendes Handlungskonzept noch einen situationsspezifischen Plan, denn er ist ein erfrischend spontaner Mensch. Stellen Sie sich einen chaotischen Mitarbeiter an seinem Arbeitsplatz vor. Eben hat er ein Blatt Papier – es mag eine Bestellung, eine Mahnung, ein schriftlich formulierter Arbeitsauftrag sein – in die Hand genommen. Gleich wird er dieses Blatt ablegen.

An dieser Stelle des imaginierten Geschehens stoppen Sie Ihre Vorstellung und bringen sich selbst ins Spiel. Sie fragen den Mitarbeiter: »Wo wollen Sie das Blatt ablegen?« Was wird seine Antwort sein? Ganz einfach: ein Achselzucken. Haken Sie nach und fragen weiter: »Was meinten Sie? Wo legen Sie den Schrieb ab?«, wird der Chaot irritiert und vielleicht auch ein wenig verärgert antworten: »Keine Ahnung ... äh ... hier.« Und während er »hier« sagt, legt er das Blatt Papier auf einen der turmhohen, windschiefen Stapel auf seinem Schreibtisch. Oder auf einen der sieben Stapel am Boden neben seinem Schreibtisch. Oder er öffnet eine Schreibtischschublade, stopft mit der freien Hand die herausquellenden Schriftstücke, Plastiktüten und Butterbrotpapiere gewaltsam tiefer in den Schlund dieser Spezialablage und dann mit der anderen das besagte Corpus Delicti hinterher. Sie aber bleiben hartnäckig. Ebenso erkenntnishungrig wie freundlich wollen Sie wissen: »Und warum hier?« Spätestens an dieser Stelle versteht der Chaot die Welt nicht mehr. Wären Sie nicht sein Chef, würde er womöglich ausrasten: »Was soll dieses dämliche ›Warum hier?‹ Weil hier Platz ist, warum denn sonst!« Oder gar: »Was geht denn dich das an? Kümmere dich gefälligst um deinen Mist!« Aber Sie sind sein Chef. Also wird dieser – natürlich nur in unserer Vorstellung existierende – Mitarbeiter Ihnen antworten: »Äh, da tu ich solche Vorgänge immer rein.« Wir könnten dieses Frage- und Antwortspiel noch beliebig fortführen, aber Sie ahnen es: Weitere Erkenntnisse würde es uns nicht bringen. Der chaotische Mitarbeiter würde Ihnen gegenüber nur weitere Ausreden erfinden, wie etwa: »Dieses System hab' ich von meinem letzten Chef übernommen« oder, wenn Ihr Verhältnis zu ihm ein kollegiales ist: »Du weißt doch: Das Genie beherrscht das Chaos.«

Wie dem auch sei, Sie ärgern sich. Sie wollen und können diese Unordnung nicht gutheißen. Und das chaotische Arbeitsverhalten des Mitarbeiters schon gar nicht. Sicher: Sie haben Ihre Gründe. Ihre Erfahrungswerte. Lange Suchzeiten nach unauffindbaren Unterlagen und Werkzeugen, die Klagen der Kollegen, die den Chaoten im Urlaubs- oder Krankheitsfall vertreten müssen, all dies scheint gegen das Chaos zu sprechen, das ein chaotischer Mitarbeiter so unnachahmlich herzustellen in der Lage ist. Aber was sind diese Nachteile gegen die tieferliegenden, grundlegenderen, mittel- und langfristig wirksamen Vorteile, die das »Unordnungsverhalten« des Chaoten mit sich bringt? Ein Nichts sind sie. Eine kurzsichtig wahrgenommene, übertrieben gewichtete Zeitersparnis oder Arbeitsentlastung. Denn ein chaotischer Mitarbeiter tut, ohne es zu wissen (!), auf lange Sicht weit mehr für den Unternehmenserfolg als sein »normal ordentlicher« Kollege!

UNERMÜDLICHES TRAINING FÜR DEN
UNTERNEHMENSERFOLG

Zuallererst trainiert der Chaot sich selbst. Und damit das höchste Gut, über das ein Unternehmen verfügt: den Mitarbeiter! Wir leben in einer Zeit des permanenten Wandels. Altbewährt ist out, neu ist in. Optimierung ist das Zauberwort. Das Bessere ist der Feind des Guten. Und das Bessere ist das Neue! Jedes Software-Update macht uns bewusst, mit welch unzulänglichem Arbeitsmittel wir uns zuvor begnügen mussten. Jeder neue Drucker führt uns die Schwächen des alten vor Augen. Jeder neue Monitor macht den alten zu einem zwergenhaften, Augen und Selbstbewusstsein folternden Guckkasten. Was bedeutet es aber für unsere Mitarbeiter wie für uns selbst, wenn wir uns in eine neue Software einarbeiten, den neuen Drucker in Gang setzen oder die Maus zielsicher auf der 1,5 Meter breiten »Leinwand« unseres Business-Cinemas platzieren möchten? Wir müssen das Neue begreifen und handhaben lernen! Haben Sie sich schon einmal gefragt, wie viele Arbeitsstunden, ja, -tage und -wochen Ihre Mitarbeiter damit zubringen, von einem alten Modell auf das neue umzusteigen? Die Vorteile einer neuen Version zu entdecken und effizienzsteigernd für die Arbeit zu nutzen? Haben Sie sich schon einmal überlegt, wie viele Krankheitstage darauf zurückzuführen sind, dass altgediente Mitarbeiter Stunden um Stunden verzweifelt und erfolglos mit dem neuen Word oder PowerPoint gekämpft haben? Nein? Das haben Sie nicht? Dann wird es Zeit! Denn erst, wenn Sie das getan haben, werden Sie Ihre Chaoten zu würdigen wissen.

Der Chaot übt von morgens bis abends das schnelle und sichere Beherrschen neuer Arbeitssituationen. Er hält sich fit für den Wechsel. Er legt seine Arbeitsunterlagen und -werkzeuge so ab, dass er sie nicht im Schlaf wiederfindet. Er ist wie kein Zweiter geübt im Suchen und – was viel wichtiger ist – im Finden von Dingen. Er muss sich nicht aufwendig in neue Abläufe einarbeiten, wird nicht hundert, fünfhundert, tausend Mal eine Taste am neuen Drucker drücken, die es gar nicht mehr gibt, wird im Menü seiner Software nicht bis zur Ohnmacht nach einem Button suchen, der in dieser Version nicht mehr existiert, denn er ist es gewohnt, die Dinge eben nicht an einem festgelegten Ort zu finden, wo sie – vermeintlich – hingehören. Nein, der Chaot rechnet mit nichts und mit allem. Er hat den schnellen Blick. Und den mutigen Griff. Er gibt nichts auf Erfahrungswerte und daraus abgeleitete Plausibilitäten. Der Locher hat doch immer hier gestanden ... Diese Ordner wurden doch immer da und da abgelegt ... Derartiges Wissen ist ihm fremd. Auch ohne Rezeptblock, ohne vorgegebenes und zertifiziertes Handlungskochbuch findet er, was er braucht. Ja, es stimmt: Das Genie beherrscht das Chaos! Und deshalb, nur deshalb, ist allein der chaotische Mitarbeiter derjenige, welcher – ohne betriebliche Kollateralschäden zu verursachen (!) – jeglichen Wandel, alle Veränderungen in Arbeitsabläufen, an Software und Hardware, seien sie auch noch so unverständlich und aus Sicht der meisten Mitarbeiter überflüssig, in der ihm eigenen Coolness begreift und von der ersten Minute an nutzbringend beherrscht.

Hinzu kommt, dass alternde Chaoten sich nicht nur auf die Einführung neuer Arbeitsmethoden und -materialien vorbereiten, sondern auch auf die Veränderungen, welche mit dem Älterwerden selbst verbunden sind. Ältere Mitarbeiter über 35 neigen dazu, langsamer und unflexibler zu werden. Nicht selten ist es eine beginnende Demenz, die ihnen, ihren Kollegen und Vorgesetzten sowie, last not least, dem Unternehmen

Probleme macht (vgl. Deadfreak 2015). Chaotische Mitarbeiter hingegen trainieren ihren Geist tagtäglich, halten ihn wach und biegsam und betreiben auf diese Weise unbewusst Demenzprophylaxe. Mit einem Wort: Chaoten sorgen dafür, dass ihre Arbeitskraft dem Unternehmen in alter Frische bis zum Eintritt ins Rentenalter erhalten bleibt – auch dies ist ein nicht hoch genug einzuschätzender kommerzieller Faktor!

Sollten Sie sich nicht sicher sein, welcher Ihrer Mitarbeiter nach wissenschaftlichen Maßstäben als Chaot zu bezeichnen ist, empfiehlt sich die Heidelberger Chaos-Skala (Schlamper/Messi 1968), nicht zuletzt wegen ihrer Anwenderfreundlichkeit auch für Nichtwissenschaftler. Schlamper und Messi definieren neun Grade unterschiedlicher Ordnung mit den Eckpunkten *Penible Ordnung* (Chaosgrad -1) und *Totales Chaos* (Chaosgrad +7). Personen, aus deren Handeln ein Chaosgrad zwischen +5 bis +7 resultiert, werden als Chaoten bezeichnet.

Chaosgrad -1: Penible Ordnung

Auf den ersten Blick erkennbare, nach einem deutlich sichtbaren Ablage- und Sortierprinzip hergestellte Anordnung von Gegenständen. Etwa: vorherrschende räumliche Parallelität oder Rechtwinkligkeit, Ordnung der Gegenstände nach Größe, Form, Farbtönen etc.

Wirkung auf Außenstehende: Flucht- oder Destruktionsfantasien

Chaosgrad 0: Ordnung

Das Umfeld der handelnden Person wirkt aufgeräumt. Ein pragmatisch-funktionales Ablage- und Sortierprinzip ist vorherrschend. Maximal 2 Prozent der Gegenstände sind nicht in das Ablage- und Sortierprinzip integriert.

Wirkung auf Außenstehende: Langeweile

Chaosgrad +1: Unterschwellige Unordnung

Bei vorherrschender pragmatisch-funktionaler Ordnung liegen maximal 10 Prozent der Gegenstände »irgendwie unpassend/unsortiert« herum.

Wirkung auf Außenstehende: neutral

Chaosgrad +2: Leichte Unordnung

Eine pragmatisch-funktionale Ordnung ist nur in Ansätzen erkennbar. Der Ort strahlt eine klare Tendenz zur Unordnung aus.

Wirkung auf Außenstehende: Gefühl »wie zuhause«

Chaosgrad +3: Unordnung

Die Gegenstände werden als »irgendwie ein bisschen durcheinander« wahrgenommen. Der Raum wirkt bunt und lebendig.

Wirkung auf Außenstehende: wohliges Gefühl »wie am Wochenende zuhause«

Chaosgrad +4: Große Unordnung

Der Raum wirkt total unaufgeräumt. Eine wie auch immer geartete Ordnung in Teilbereichen würde als »total störend« wahrgenommen werden.

Wirkung auf Außenstehende: Lust, eine Party zu feiern

Chaosgrad +5: Leichtes Chaos

Die Gegenstände sind zu kreativen Einheiten zusammengefügt. Funktional unverträgliche Teile – wie etwa Eierbecher und Toilettenpapierrollen – bilden unerwartete Untereinheiten.

Wirkung auf Außenstehende: gesteigerte Lust, eine Party zu feiern

Chaosgrad +6: Chaos

Die kreativen Einheiten sind neben-, über- und untereinander liegend und stehend zu größeren Einheiten verbunden. Jede Untereinheit besteht aus mehr als 15 Einzelteilen.

Wirkung auf Außenstehende: starkes Bedürfnis, unverzüglich Freunde und Bekannte einzuladen

Chaosgrad +7: Totales Chaos

Die Gegenstände füllen in Form eines Ganzen den Raum vollkommen aus. Teile jeglicher Funktion und Couleur korrespondieren auf nie gesehene Weise miteinander.

Wirkung auf Außenstehende: Eruptiver Beifall begleitet von dem Wunsch, die nächsten Ferien im Dschungel zu verbringen

Gewiss sind die Kategorisierungen der Heidelberger Chaos-Skala und die Wirkungen des jeweiligen Chaosgrades auf Außenstehende nicht ungeprüft auf den betrieblichen Bereich übertragbar. Schlamper und Messi führten das der Skalierung zugrunde liegende Laborexperiment mit studentischen Probanden durch. Wenn Sie sich der Skala bedienen möchten, um Ihre Chaoten zu identifizieren und graduell einzuordnen, empfiehlt es sich, vorab zu überprüfen, ob und inwieweit die Prozesse in Ihrer Abteilung denen des üblichen Universitätsbetriebs ähneln und ob Ihre Mitarbeiter grundsätzlich in Lebensform und Einstellung Studenten gleichen.

SO FÜHREN SIE CHAOTEN

TIPP 1

BELÄSTIGEN SIE CHAOTEN NICHT MIT VORSCHRIFTEN!

Wir leben in einer Zeit des Regulierungswahns. Arbeitsabläufe werden mit einer nie dagewesenen Akribie in normierter Form vorgegeben. ISO heißt das Zauberwort, ist der Code eines bösen Zaubers. Einen Controller sehen wir am liebsten von hinten. Und einen Auditor? Was ist der Unterschied zwischen einem Auditor und einem Terroristen? Der Terrorist hat Sympathisanten! Und nun versetzen Sie sich einmal in das Innenleben eines chaotischen Mitarbeiters! Nehmen wir an, vor drei, vier Monaten haben Sie ihn eingestellt. Keine fünf Minuten haben Sie im Vorstellungsgespräch gebraucht, um zu erkennen, welch ein Juwel Ihnen da gegenübersitzt. Und er hat sie nicht enttäuscht! Nicht einmal eine Woche hat er nach seinem Arbeitsantritt gebraucht, um ein Chaos erster Güte herzustellen! Und jetzt sollen Sie diesen Menschen in das ISO-Korsett starr vorgegebener Arbeitsabläufe und detailliert festgelegter Handlungsanweisungen pressen? Was geht da in ihm vor, wenn Sie das tun? Ganz abgesehen davon, dass er sich von Ihnen verraten und verkauft fühlt, wird ihn die aufgezwungene Arbeitsweise über kurz oder lang zerstören. Allein schon das Wort »Zertifizierung« lässt ihm die Haare zu Berge stehen. Und wenn das nächste Audit naht, suchen ihn des Nachts die schlimmsten Alpträume heim: Inquisition! Folter! Daumenschrauben! »Was, du willst nicht arbeiten, wie dir vorgegeben ist von höchster Stelle? Du willst den Großen ISO nicht anbeten? Du leugnest seine Allmacht?« Und die Schrauben werden fester gedreht bis das Blut aus den Daumen spritzt: »Gib zu, dass du ein Chaot bist! Gestehe, dass du dem Teufel der Improvisation huldigst! Offenbare, dass du mit der Hexe der Eigenmacht und Spontanität das Bett der Arbeit teilst!«

»Neiiiiin!«, das ist der nächtliche Schrei der Verzweiflung, mit dem Ihr chaotischer Mitarbeiter aus dem Schlaf hochschreckt. Und mit diesem Alptraum in den Knochen müht er sich zur Arbeit, vorausgesetzt, seine Standardisierungsallergie zwingt ihn nicht, für die Dauer des Audits das Bett zu hüten. Wollen Sie das? Wollen Sie diesen wertvollen Mitarbeiter solch Höllenqualen aussetzen? Gewiss wollen Sie das nicht. Deshalb schützen Sie ihn! Handeln Sie im Sinne Ihrer Fürsorgepflicht!

Führen Sie möglichst mehrere Wochen vor dem Audit in ungestörter, dem Chaoten vertrauter Umgebung – also am besten in seinem Stammlokal – ein einfühlsames Mitarbeitergespräch. Einziges Ziel dieses Gespräches muss es sein, dem Mitarbeiter die Angst zu nehmen. Verdeutlichen Sie ihm, dass er selbstverständlich auch weiterhin auf seine Weise arbeiten kann. Nur für die Dauer des Audits wird es nötig sein, die ihm gewohnte Ordnung der vorgegebenen anzugleichen.

An dieser Stelle des Gesprächs wird Ihr chaotischer Mitarbeiter zweifellos erschrecken. Bestellen Sie noch zwei Bier und legen Sie ihm beruhigend die Hand auf den Arm. Geben Sie Ihrer Stimme einen verstehenden, einfühlsamen, beruhigenden Klang. Sagen Sie: »Keine Angst, mein Freund! Sie müssen für diese beiden Tage Ihre Ordnung nicht durcheinanderbringen. Das übernimmt selbstverständlich ein Kollege für Sie. Und dieser Kollege wird mit Ihnen auch die Handgriffe, Worte und

Sätze einstudieren, die Sie in Gegenwart des Auditors abrufen müssen. Sie brauchen sich diese für Sie ungewohnten und unangenehmen Aktivitäten nur in Ihr Kurzzeitgedächtnis einzuprägen, denn sobald der Auditor unsere Abteilung verlassen hat, sollen Sie Ihren gewohnten Zustand wieder herstellen. Und damit das nicht zu lange dauert, stelle ich gern drei Kollegen Ihrer Wahl für diesen Einsatz ab: Vier Köpfe sind kreativer als zwei und acht Hände schaffen schneller ein größeres – entschuldigen Sie meine Ausdrucksweise – Durcheinander als zwei. Nun, was halten Sie davon?« Da Chaoten in der Regel zu den intelligenteren Menschen gehören, wird dieser Mitarbeiter sowohl die Notwendigkeit des vorgeschlagenen Szenarios einsehen als auch die wertschätzende Empathie spüren, mit der Sie ihm begegnen.

IHR ERFOLG

Der chaotische Mitarbeiter wird Ihrem Vorschlag zustimmen, seine Rolle lernen und entscheidend zum Gelingen des gesamten Audits beitragen, was Ihnen zu guter Letzt das Lob Ihrer Vorgesetzten einbringen wird.

TIPP 2 **BEFÖRDERN SIE IHREN CHAOTISCHEN MITARBEITER ZUM »ABWEHRCHEF«!**

Sicher leiden auch Sie unter der herrschenden Überregulierung. Und möglicherweise haben Sie einen Vorgesetzten, der es mit ISO und Co. besonders ernst nimmt. Was können Sie tun? Im Grunde nur eines: Sie zeigen – scheinbar! – großes Engagement in Ihrem – scheinbaren! – Bestreben, *allen* Vorschriften und Anordnungen gerecht zu werden. In Wirklichkeit priorisieren Sie die »von oben« an Sie herangetragenen Aufgaben und Vorgaben gemäß ihrer Wichtigkeit: Nur das, was Sie nach bestem Wissen und Gewissen im Sinne der Unternehmensziele als wirklich wichtig einschätzen, setzen Sie engagiert um. Was nicht so wichtig ist, delegieren Sie an Ihren größten, heimlich zu Ihrem »Abwehrchef« ernannten Chaoten.

Wie richtig, wichtig und, im Extremfall, existenzrettend es für Ihr Unternehmen ist, so zu handeln, beweist ein ebenso klassisches wie beeindruckendes betriebspsychologisches Feldexperiment, das die Sozialwissenschaftlerin Kathinka Schlamper-Messi Ende des vorigen Jahrhunderts durchführte (Schlamper-Messi 1999). Wir kennen Schlamper-Messi bereits als Mitautorin der Heidelberger Chaos-Skala (s. S. 68 ff.). Nachdem sie (vormals Kathinka Messi) 1975 ihren Co-Autor Klaus-Heinrich Schlamper geehelicht hatte, wandte sie sich verstärkt der Erforschung sinnloser Unternehmensentscheidungen und ihrer Umsetzung zu.

Um die hier skizzierte Untersuchung durchführen zu können, nahm Schlamper-Messi eine Stelle als Putzhilfe in einem mittelständischen Unternehmen an, das Leuchtmittel herstellte. Ihren Zugang zur Chefetage nutzend, lancierte sie eine »Anweisung an alle Mitarbeiter« mit folgendem Inhalt: »Zur Förderung des Betriebsklimas werden alle Mitarbeiter und Führungskräfte des Unternehmens aufgefordert, ihre Haustiere an den Arbeitsplatz mitzunehmen.« Selbstverständlich untermauerte die Forscherin diese »Anordnung von höchster Stelle« mit nachvollziehbaren Argumenten wie etwa: »Wie zahlreiche in Alten- und Pflegeheimen durchgeführte Studien belegen, hellt der Kontakt mit vertrauten Tieren die Stimmung der Menschen auf und fördert so Lebensfreude und Motivation. Beides, ein positives Gestimmtsein ebenso wie die Bereitschaft, die Dinge freudig anzupacken, sind entscheidende Voraussetzungen für zufriedenes Arbeiten und erfolgreiches Handeln. Und genau dies, liebe Mitarbeiterinnen und Mitarbeiter, liegt uns am Herzen: Dass es Ihnen gut geht und dass das Unternehmen gutes Geld verdient. Ihr Geschäftsführer.«

Um sich nicht strafbar zu machen, klebte Schlamper-Messi ein Post-it mit den Worten »Nur ein Scherz« auf dieses Schreiben und legte es zur weiteren Veranlassung in die Unterschriftenmappe des Geschäftsführers. Ihr Ehemann filmte diesen Vorgang und deponierte das Videoband im Safe eines befreundeten Notars. Warum das alles? Weil Kathinka Schlamper-Messi wusste, dass der Geschäftsführer Post-its konsequent ignorierte und folglich ihren Hinweis übersehen und die »Anordnung« ebenso blind unterschreiben würde wie all die anderen Vorgänge in der Mappe. Die Forscherin hatte richtig getippt: Genau das tat der Geschäftsführer. Seine Assistentin führte die Anordnung dem üblichen Informationsablauf zu, woraufhin diese prompt alle 2 500 Mitarbeiter des Unternehmens erreichte.

Was danach geschah, überschreitet die Grenzen der Vorstellungskraft: Innerhalb weniger Tage bevölkerten Hunde und Katzen, Mäuse und Ratten, Schildkröten und Schlangen, Hamster und Kaninchen, Wellensittiche und Krähen die Werkshallen und Büros. 374 Fische in 14 Aquarien waren ebenso mit von der Partie wie zwei Alligatoren, ein Esel und ein Känguru. Und hätte es in den Lastenaufzug gepasst und das Treppensteigen nicht verweigert, dann hätten die Mitarbeiter der Personalabteilung das Glück gehabt, ein ausgewachsenes Kamel bestaunen können. Da der Geschäftsführer in der ersten Woche nach Bekanntwerden »seines« Erlasses in China weilte, bekam er von dem Tohuwabohu nichts mit. Und weil seine engsten Mitarbeiter wussten, dass er nichts mehr hasste, als bei extrem wichtigen Verhandlungen, wie er sie in Beijing und Shanghai pausenlos zu führen hatte, gestört zu werden, berichtete ihm auch niemand, was während seiner Abwesenheit geschah.

Schlamper-Messi blieb als Verursacherin des Desasters unerkannt und konnte deshalb in den folgenden acht Wochen in aller Ruhe den Niedergang des Unternehmens dokumentieren und analysieren. In ihrer Dokumentation fasste sie das Geschehen in acht Untergangsstufen zusammen:

- *Untergangsstufe 1:* Aufgrund des Ablenkungsfaktors verzögern sich Arbeiten oder bleiben gänzlich unerledigt.
- *Untergangsstufe 2:* Die räumliche Enge sowie das Einhalten der Fütterungs- und Reinigungszeiten erschweren die Erledigung des Tagesgeschäfts zusätzlich.
- *Untergangsstufe 3:* Die Besitzer unterschiedlicher, in freier Wildbahn antikoexistenter Tiere tragen zum Teil blutige Machtkämpfe aus. Die Fehlzeiten steigen exorbitant an.
- *Untergangsstufe 4:* An die Medien lancierte Berichte in Form von Videoaufzeichnungen und Zeugenaussagen von haustierfreien Mitarbeitern werden weltweit verbreitet.
- *Untergangsstufe 5:* In den sozialen Netzwerken bricht ein gewaltiger Shitstorm los, in dem das Unternehmen als »Tempel der Tierquälerei« beschimpft wird.
- *Untergangsstufe 6:* Öffentliche Aufrufe zum Boykott der im Unternehmen produzierten Leuchtmittel.
- *Untergangsstufe 7:* In einer konzertierten Aktion schließen das staatliche Veterinäramt und das örtliche Gesundheits-

amt das Werk; zahlreiche Mitarbeiter – an der Spitze der Geschäftsführer – werden der Tierquälerei angeklagt.

- *Untergangsstufe 8:* Das Unternehmen meldet Konkurs an, alle Mitarbeiter werden entlassen.

Das Ergebnis, zu dem Schlamper-Messi in ihrer Analyse des Geschehens kommt, ist ebenso eindeutig wie verblüffend: Nur weil das Unternehmen über gut funktionierende Informationskanäle, störungsfreie Schnittstellen und zertifizierungsgemäß gewissenhaft arbeitende Mitarbeiter verfügte, war es möglich, dass die von der Sozialforscherin lancierte »Anordnung« nicht nur Top-down und mit optimaler horizontaler Streuung alle Bereiche, Abteilungen und Teams erreichte, sondern auch reibungslos und gewissenhaft von den ordentlich arbeitenden Mitarbeitern umgesetzt wurde. Die Schlüsse, die Schlamper-Messi aus dieser Erkenntnis zieht, und die Empfehlungen, die sie daraufhin ausspricht, sind ebenso klar wie einfach: Stellt auf allen Hierarchieebenen mehr Chaoten ein, lasst ihnen Handlungsfreiheit, und ein solches Desaster passiert nie wieder!

Was folgt daraus für Sie? Geben Sie Ihrem chaotischsten Mitarbeiter – vertraulich, versteht sich (!) – Schlamper-Messis Untersuchungsbericht (Schlamper-Messi 1999) zu lesen (den Zeitschriftenartikel finden Sie als PDF-Datei im Internet). Nachdem Sie in einem ebenso vertraulichen Gespräch die Einzelheiten der zukünftigen Zusammenarbeit mit ihm geklärt haben, ernennen Sie ihn zu Ihrem geheimen Abwehrchef. Scheuen Sie sich nicht, der Ernennung einen zeremoniellen Anstrich zu geben: Ein Konzert- oder Opernbesuch, zu dem sie Ihren frischgebackenen Abwehrchef einladen, rundet die Ernennung angemessen feierlich ab!

Nun haben Sie freie Bahn, guten Gewissens alle Ihnen übertragenen Aufgaben, die Sie als überflüssig oder unternehmensschädigend identifiziert haben, an Ihren chaotischsten Mitarbeiter zu delegieren. Sollte er trotz seiner effizienten Arbeitsweise mit dem Volumen der auflaufenden Abwehrarbeiten überfordert sein, entlasten Sie ihn, indem Sie Teile seines offiziellen Tagesgeschäfts anderen Mitarbeitern übergeben oder selbst erledigen.

IHR ERFOLG

Sie bewahren Ihr Unternehmen vor selbstzerstörerischen Aktivitäten. Sollten die Vorgesetzten Ihre Leistung für die Firma aufgrund des Undercover-Charakters Ihres Tuns sowie der undurchschaubaren Arbeitsweise Ihres Abwehrchefs nicht richtig einschätzen können, dokumentieren Sie Ihr Handeln über den Zeitraum eines Jahres und machen Sie das Dossier anschließend der Geschäftsleitung zugänglich. Ihre Beförderung – wenn Sie Glück haben, gleich um zwei oder drei Stufen auf der Hierarchieleiter – wird garantiert die Folge sein.

TIPP 3   SETZEN SIE IHRE GRÖßTEN CHAOTEN ALS FLEXIBILITÄTSCOACHES EIN!

Leider stellt die Gruppe der Chaoten immer noch eine Minderheit dar. Die meisten Mitarbeiter wollen gesagt bekommen, wie sie zu arbeiten haben. Und haben sie die entsprechende Arbeitsweise einmal verinnerlicht, würden sie am liebsten bis zum Sankt Nimmerleinstag so weiter machen. Neuerungen, die Quellen unseres Fortschritts, die Garanten des Wachstums, erleben sie als Last. Sie sind nicht darauf trainiert, sich immer und immer wieder anderen Situationen und neuen Herausforderungen konstruktiv handelnd zu stellen. Nur Chaoten können das und wollen das.

Diese Fortschrittsqualifikation chaotischer Mitarbeiter gilt es für die Personalentwicklung im Unternehmen zu nutzen. Denn chaotische Mitarbeiter sind die geborenen Flexibilitäts- und Fortschrittscoaches für ihre Schema-F-Kollegen!

Um möglichst alle Ihre Mitarbeiter einen oder mehrere Grade auf der Chaos-Skala nach oben rücken zu lassen, bieten sich zwei Interventionswege an: (a) Sie lassen jeden Mitarbeiter für die Dauer einer Arbeitswoche bei einem chaotischen Kollegen hospitieren, oder (b) der Chaot rotiert – ebenfalls im Wochenrhythmus – im Team beziehungsweise in der Abteilung und legt auf diese Weise vor Ort an den Arbeitsplätzen seiner Kollegen Hand an. Beide Verfahrensweisen haben ihre Vor- und Nachteile. Im Falle (a) erleben die bislang relativ unchaotischen Mitarbeiter die Vorteile des Chaotismus in vollem Umfang, müssen aber, zurück an ihrem Arbeitsplatz, das Gelernte ohne Anleitung ihres Kollegen eigenständig auf ihren Aufgabenbereich übertragen. Im Falle (b) ist die Übertragung der Chaotik zwar gewährleistet, das Ausmaß des Chaos lässt jedoch aufgrund der relativ kurzen Herstellungszeit zu wünschen übrig. Am besten, Sie probieren beide Vorgehensweisen aus, um sich dann für die für ihren Verantwortungsbereich effektivere zu entscheiden. Auch Mischformen sind möglich.

IHR ERFOLG

Mit der Zeit erhöhen Sie die Zahl ihrer chaotischen Mitarbeiter deutlich, sodass Sie deren vielfältige Einsatzmöglichkeiten voll werden ausschöpfen können. Zudem entlasten diese Inhouse-Schulungen Ihren Fort- und Weiterbildungshaushalt immens. Und zwar nicht nur, weil Sie Ihre Mitarbeiter nicht zu externen Chaoskursen schicken müssen. Ihre nach und nach chaotischer werdenden Sach- und Facharbeiter sind infolge gesteigerter Flexibilität zunehmend in der Lage, lockerer und zielführender mit den Herausforderungen der auf sie zukommenden Neuerungen umzugehen. So sparen Sie zusätzlich die Kosten für Seminare, in denen etwa die Anwendung neu einzuführender Software trainiert wird.

DER=AUF=DEN= SCHOß=WILL

BETRIEBLICHES VERHALTEN

Manche Menschen brauchen mehr Streicheleinheiten als andere. Und einige wenige brauchen ganz, ganz viele. Da es in den meisten Berufen unüblich ist, sich – im körperlichen Sinne –streicheln zu lassen, verstehen Sie den Begriff »Streicheleinheit« im Kontext dieses Buches bitte im übertragenen Sinne: Manche Menschen, und das bedeutet auch manche Mitarbeiter (!), brauchen mehr seelische Streicheleinheiten als ihre Kollegen. Ja, sie dürsten geradezu danach. Und dieser Durst ist schier unstillbar: »Chef! Hallo Chef! Hier bin ich! Schau mal, wie gut ich meine Arbeit mache! Halloo! Cheheeeef, lob mich mal! Sag mir, wie toll ich bin! Wie sehr du mich schähätzt! Und dass du mich brauhauchst! Dass du nicht auf mich verzichten kannst! Und wie sehr du mich mahaagst! Cheeeeef, halloooo – lob mich mal! Und nochmal! Und nochmal! Lob mich immerzu! Und immer, immer wiiieder ...«

Nun, kommen Ihnen diese oder ähnliche Appelle bekannt vor? Nicht wörtlich, meine ich. Nur dem Wortsinn nach. Haben Sie nicht auch einen Mitarbeiter, der Ihnen mit seinen Blicken, seinen Gesten, seiner Körperhaltung, ja, zuweilen auch mit verbalen Andeutungen signalisiert: Ich brauche Streicheleinheiten! Kiloweise! Zentnerweise! Und ganz besonders von einem: vor dihiiiiir! Cheheeef, hallo! Hörst du mich? Siehst du mich! Ich will auf den Schohoooß – auf deinen Schoooß.

Keine Bange, auch der Schoß ist hier nicht im physischen Sinne gemeint. Aber bleiben Sie ruhig einen Moment bei diesem Bild. Was drängt sich Ihnen auf? Wer will bei wem auf den Schoß? Nun? Haben Sie's? Ja, das ist es: Das Kind will auf den Schoß der Eltern. Auf Mamas Schoß. Auf Papas Schoß. Nun sind Ihre Mitarbeiter aber – zumindest körperlich – keine Kinder mehr. Und Sie sind weder ihre Mama noch ihr Papa. Doch manchmal ist unsere Psyche dümmer als wir meinen. Manchmal kann sie nicht auseinanderhalten, was einmal war und was heute ist. Und hin und wieder will sie etwas, woran es ihr in der Kindheit mangelte, heute nachholen. Bei jemandem, den sie für Mama oder Papa hält, die doofe Psyche!

Dieses Wollen kann sich auf vielfältige Weise zeigen. Von der Mimik und Gestik, von verbalen Andeutungen war bereits die Rede. Um zu verdeutlichen, wie groß die Bandbreite der Erscheinungsformen der Nimm-mich-auf-den-Schoß-Bitte ist, seien hier einige Beispiele angeführt, die mir von Führungskräften berichtet wurden.

Mitarbeiter K. bringt seinen Chef mit seinen ewigen Rückfragen zur Weißglut. *Der* schon wieder!, denkt sich der Vorgesetzte immer, sobald Herr K. in seinem Büro erscheint. Oder ihn anruft. Oder am Mail-Absender erkennbar ist. Und was macht der Chef, wenn K. ihn auf diese Weise nervt? Er weist ihn zurecht. Er tadelt ihn: »Warum fragen Sie mich das? Das können Sie doch selbst!« Oder: »Dafür hab' ich jetzt keine Zeit! Haben Sie eigentlich nichts Besseres zu tun, als ständig zu mir zu rennen?« Mit diesen – durchaus verständlichen – Reaktionen bekommt Der-auf-den-Schoß-will genau das Gegenteil dessen, was er so dringend braucht: Er wird von seinem Vorgesetzten – also von seinem Ersatzvater (!) – gnadenlos zurückgestoßen, fühlt sich getreten und missachtet. Doch seine Psyche gibt keine Ruhe, ist hartnäckig, lässt ihn wieder und wieder fragend im Büro seines Chefs auftauchen – denn die Hoffnung stirbt zuletzt …

Mitarbeiter H. verfolgt seine Chefin in Stalking-Manier. Auf dem Flur lauert er ihr auf. Auf dem Parkplatz. Vor der Damentoilette. Und bevor sie – zu ihrem Selbstschutz (!) – ihr Handy zücken und sich ans Ohr pressen kann, hält er ihr auch schon einen der Gegenstände unter die Nase, die er einzig und allein zu diesem Zweck bei sich trägt: ein Schriftstück »Das hab' ich heute Morgen im Fall Z. verfasst«. Einen Teddybär »Den hab' ich gestern für meinen Patensohn gekauft«. Einen Zeitungsausschnitt »Da bin ich drauf! Mit dem Sieben-Kilo-Hecht, den ich am Wochenende gefangen hab'«. Die Vorgesetzte ringt sich ein abgrundtief falsches Lächeln ab: »Ah ja. Schön. Interessant« – und hastet weiter »Ich muss zu einer Besprechung. Bin schon zu spät!« Herr H. spürt die Unechtheit ihres Interesses. Riecht förmlich ihre Abwehr und fühlt sich abgelehnt. Das erhoffte Lob, die ersehnte Wertschätzung bleiben aus. Wieder einmal. Aber er gibt nicht auf! Heute Nacht wird er im Büro schlafen, denn er weiß, seine Chefin ist morgens immer die Erste …

Oder Herr M., einer der Zärtlichkeitssucher, die resigniert haben. Die die Hoffnung, gelobt zu werden, längst auf dem Friedhof ihrer Kindheit begraben haben. Einer, der sich holt, was noch zu kriegen ist: Zuwendung – auch wenn sie weh tut. Denn Kritik tut weh. Zurechtweisung schmerzt. Aber wer eine seelische Ohrfeige bekommt, spürt wenigstens, dass sein Chef, diese ewige Vatermutterfigur, ihn wahrnimmt. Also nutzt Herr M. jede sich bietende Gelegenheit, um seinen Vorgesetzten zu ärgern, zu frustrieren, zu brüskieren. Keiner nervt wie er in der Abteilungsbesprechung! Über niemanden beschweren sich die Kunden häufiger! Und keiner muss deshalb so oft beim »Alten« antreten wie Herr M. ...

Was sind das für Kindereien! Welch seelisches Hoppe-hoppe-Reiter! Und diese Spielchen sollen Sie, als Vorgesetzter, mitspielen, anstatt sich vor ihnen zu schützen? Ja, ist meine Antwort, das sollen Sie – vorausgesetzt, Ihnen liegen der Unternehmenserfolg und das Wohl Ihrer Mitarbeiter am Herzen!

SCHNULLEREINFALT UND GUMMIBÄRCHENMANGEL

Um die Richtigkeit und Wichtigkeit dieser Empfehlung zu verstehen, lade ich Sie ein, mit mir einen Blick auf ein groß angelegtes psychologisches Experiment zu werfen, das als Chef-Schoß-Experiment in die Wissenschaftsgeschichte eingegangen ist. Die Arbeits- und Betriebspsychologin Hildegard Kuschel und der Neurophysiologe Peter Nerf befragten 3 684 per Zufall ausgewählte Mitarbeiter eines Global Players der Autoindustrie über ihre Kindheit, speziell über ihre Erinnerungen an Zärtlichkeit, die sie von den Eltern erhalten haben (Kuschel/Nerf 2001). Die Items im ersten Teil der Befragung lauteten beispielsweise:

- Hatten Sie als Kleinkind mehr als zehn mehrfarbige Schnuller in Tierform?
- Gaben Ihre Eltern Ihnen mehr als 15 Kosenamen?
- Bekamen Sie nach dem abendlichen Zähneputzen mindestens zweimal pro Woche Gummibärchen als Einschlafhilfe?
- Sparten Ihre Eltern Sie bei familiären Handgreiflichkeiten grundsätzlich aus?

Die Auswertung der Antworten ergab:

- 17 Prozent der Befragten erfuhren als Kinder überdurchschnittlich viel Zärtlichkeit von ihren Eltern (Eltern-Zärtlichkeits-Quotient EZQ > 7 auf der von 0 bis 10 reichenden EZQ-Skala)
- 79 Prozent erlebten durchschnittlich viel elterliche Zärtlichkeit (EZQ 2-6)
- 4 Prozent der Mitarbeiter konnten sich an keine von den Eltern empfangene Zärtlichkeit erinnern (EZQ < 2)

Für den zweiten Teil der Untersuchung wählten die Forscher per Zufall aus jeder dieser Ergebnisgruppen 130 Probanden aus, wodurch drei Versuchsgruppen entstanden (Gruppe 1: EZQ > 7; Gruppe 2: EZQ 2-6; Gruppe 3: EZQ < 2). Jeder der insgesamt 390 Versuchspersonen wurde nun auf dem PC-Monitor ein eigens für sie manipuliertes Foto präsentiert. Auf diesem bearbeiteten Bild war eine erwachsene Person mit einem Kleinkind auf dem Schoß zu sehen. Das Kleinkind hatte das Gesicht des jeweiligen – erwachsenen (!) – als Versuchsperson fungierenden Mitarbeiters, die erwachsene Person das des Vorgesetzten. Sichtbar wurde das Foto jedoch nur für drei Millisekunden. Bei einer derartig kurzen visuellen Darbietung kann der Betrachter lediglich schemenhaft einen Menschen erkennen, auf dem »etwas sitzt« beziehungsweise der »etwas in den Armen hält«. Das heißt, bewusst sieht der Proband nicht, dass *er* als »erwachsenes Kind« bei seinem Chef auf den Schoß sitzt. Sein Unterbewusstsein jedoch erkennt die Personen, und diese unbewusste Wahrnehmung löst unbewusst wirksame Emotionen aus. Die Wissenschaftler interessierten sich nun für die Frage, ob und, wenn ja, auf welche Weise die emotionalen Re-

aktionen der Probanden in den drei Versuchsgruppen voneinander abweichen.

Die Ergebnisse dieses Experiments in ihrer ganzen Breite
und Differenziertheit darzustellen, fehlt hier der Platz. Uns
interessiert lediglich, wie sich die unterschwellige Wahrnehmung der Fotomontage »Ich sitze bei meinem Chef auf dem
Schoß« auf die Mitarbeiter auswirkte, die sich an keine von den
Eltern empfangene Zärtlichkeit erinnern konnten. Eine kurz
vor Feierabend durchgeführte Messung der Arbeitsleistung der
Probanden ergab, dass die zärtlichkeitsdefizitären Mitarbeiter

- ihre Tätigkeiten in den fünf Stunden, die seit der Fotodar-
  bietung vergangen waren, signifikant schneller und mit geringerer Fehlerzahl erledigt hatten als gewöhnlich
- und am Morgen danach auf der Arbeitszufriedenheitsskala
  von Grinwork und Freeman (2011) deutlich höhere Werte als
  ihre Kollegen erreichten, die in der Kindheit ein größeres
  Maß an zärtlicher Zuwendung seitens ihrer Eltern erfahren
  hatten.

Welche Handlungskonsequenzen lassen sich aus diesen Ergebnissen für Führungskräfte ableiten, die einen oder mehrere
überdurchschnittlich zuwendungsbedürftige Mitarbeiter haben – also gewiss auch für Sie?

Bezüglich der Arbeitsleistung liegt die Antwort auf der
Hand: Nehmen Sie ihre zärtlichkeitshungrigen Mitarbeiter
häufig, lange und intensiv »auf den Schoß«! Steigern Sie auf
diese Weise deren Arbeitsleistung – und tun Sie damit gleichzeitig etwas für die Erreichung *Ihrer* Ziele!

In Bezug auf das Betriebsklima ist offensichtlich, dass jeder
Mitarbeiter, der früh morgens zufrieden und fröhlich zu arbei-

ten beginnt, seine Kollegen ansteckt und somit zu einer positiven Grundgestimmtheit in seinem Team, seiner Abteilung, ja, im gesamten Unternehmen beiträgt. Also: Auf den Schoß mit ihm!

FIRMENKRAKENARME UND FAMILIENGLÜCK AM ARBEITSPLATZ

Auch ohne den Blick in die Welt der Wissenschaft lässt sich unzweifelhaft erkennen, wie wichtig und notwendig es heute ist, die Mitarbeiter seelisch zu knuddeln. Zum einen reichen die betrieblichen Anforderungen mittlerweile, insbesondere aufgrund der Forderung nach ständiger Erreichbarkeit der Arbeitnehmer, tief in das Privatleben hinein. Das eingeschaltete Handy unter dem Kopfkissen bedeutet aus psychologischer Sicht: Auch im Bett ist mein Chef dabei! Der skype-taugliche Laptop am Urlaubsstrand signalisiert: Geh nicht ins Wasser, du wirst im Büro gebraucht! Was ist, neben Burnout und Depression, die Folge dieses krakenhaften Eindringens des Berufs in das Privatleben? Immer mehr Mitarbeiter treten die Flucht nach vorn an: Sie machen unbewusst ihr Arbeits- zu ihrem Privatleben. Mann, Frau und Kinder, die vormals Nächsten und Liebsten, mutieren zu Statisten und Zuschauern in einer Arbeitswelt, die zur Lebenswelt geworden ist. Die Arbeitsgruppe wird zur Familie, aus Kollegen werden Geschwister, aus Führungskräften Eltern. Deshalb sind Sie, als Vorgesetzte, im psychologischen Sinne Mutter und Vater Ihrer Mitarbeiter. Und um welche Kinder, frage ich Sie, müssen sich Eltern am intensivsten und liebevollsten kümmern? Um die, welche es am nötigsten haben, um die, die auf den Schoß wollen!

Zum anderen nimmt der Anteil der Singles an der Gesamtbevölkerung gegenüber denjenigen, die in ehelichen oder eheähnlichen Partnerschaften leben, unverändert zu. Was bedeutet das für die allein Lebenden? Wer erwartet sie nach Feierabend? Wer ist am Wochenende für sie da? Niemand! Ganz anders am Arbeitsplatz: Da bist du nie allein! Da tobt das Leben! Da lebt das Du! Gemeinschaft! Partnerschaft! Da findest du den Busenfreund, da wartet auf dich die Frau deiner Träume! Da hat Familie, wer zuhause keine hat! Und deshalb, lieber Chef, gilt auch aus diesem Grund: Sei Vater, sei Mutter und nimm sie auf den Schoß, die auf den Schoß genommen werden wollen. Denn zufriedene »Kinder« machen weniger Ärger als frustrierte. Und strahlende Kinderau-... pardon: Mitarbeiteraugen machen das Arbeitsleben zum Himmel auf Erden!

NO EROS, NO SEX!

Nachdem nun zweifelsfrei belegt sein dürfte, dass der, der auf den Schoß will, auch auf den Schoß genommen werden muss, bleibt allein die Frage nach dem Wie: Was heißt es denn nun für eine Führungskraft *wirklich*, einen Mitarbeiter auf den Schoß zu nehmen?

Eines sei hier in aller Deutlichkeit hervorgehoben: Das Auf-den-Schoß-nehmen eines Mitarbeiters hat nichts, aber auch gar nichts mit Erotik und Sex zu tun. Oder wollen Sie sich als Vorgesetzter der Pädophilie schuldig machen? Vergessen Sie nicht: Die Schoßwünsche einiger Ihrer Mitarbeiter sind – in der psychischen Übertragung – Wünsche eines Kleinkinds! Deshalb kann es allein darum gehen, bedürftigen Mitarbeitern in Form von Lob und Anerkennung die Zärtlichkeit zu geben, derer sie so sehr bedürfen und ohne die sie nicht die Leistung bringen können, die Sie von ihnen erwarten.

SO FÜHREN SIE MITARBEITER, DIE AUF DEN SCHOß WOLLEN

TIPP 1

LOBEN SIE ZUWENDUNGSBE= DÜRFTIGE MITARBEITER PAUSCHAL UND UNANGEMESSEN!

Sicher sind Ihnen aus einigen Ihrer zahlreich genossenen Führungskräftetrainings die sogenannten Feedbackregeln vertraut. Die erste Regel lautet: Rückmeldungen sollen konkret sein, denn der Mitarbeiter muss wissen, dass ich ihn für eine je spezifisch erbrachte Leistung lobe oder kritisiere. Das ist sicher richtig, und diese Regel hat ihre Gültigkeit – allgemein gesehen. Sitzt oder steht Ihnen jedoch ein Mitarbeiter des Typs Der-auf-den-Schoß-will gegenüber, sieht die Sache grundlegend anders aus. Sein Bedürfnis ist es nicht, eine Rückmeldung über sein Tun und damit eine Beurteilung seines Arbeitsverhaltens zu bekommen, sondern er will mehr. Viel mehr. Grundlegendes. Existenzielles! Er will – seelisch – von Ihnen gestreichelt werden. Gehalten werden. Gewiegt werden wie ein kleines Kind. Sie meinen, das können Sie nicht? Das überfordert Sie? Weit gefehlt! Ist es nicht auch für Sie – wenn Sie nur wollen (!) – ein Leichtes, Sätze auszusprechen wie »Sie sind ein super Mitarbeiter!«, »Ich bin glücklich, dass ich Sie in meiner Abteilung habe!«, »Ihre bloße Anwesenheit ist ein Gewinn für unser Unternehmen!«, »Ich würde Sie gern noch öfter sehen und mehr in meiner Nähe haben!« (s. u. Tipp 2).

Sie zweifeln immer noch? Irgendetwas sträubt sich in Ihnen. »Echtheit überzeugt die Mitarbeiter«, hat Ihnen einmal ein Coach gesagt? Recht hat er – generell betrachtet. Aber für den, der »auf den Schoß« will, gelten andere Gesetze: Nicht, was für *Sie* echt ist, kommt bei ihm an, sondern was *seinem Bedürfnis* gerecht wird. Und, ganz davon abgesehen, stellen Sie sich doch einmal vor, Sie wären einem solchen Mitarbeiter gegenüber echt und würden ihm ehrlich sagen, was Sie von ihm halten? Zusammenbrechen würde er. Von Weinkrämpfen geschüttelt den Raum verlassen. Krank würde er werden. Seine Leistungskurve würde im Sturzflug in den Keller sausen. Und dann würde er weiter um Ihre Zuwendung buhlen und das Spiel begänne von neuem. Intensiver. Häufiger. Hartnäckiger. Wollen Sie das? Gewiss nicht!

Die zweite Feedbackregel heißt: zuerst das positive Feedback und dann das negative, denn wer gleich Kritik hört, macht möglicherweise dicht und nimmt das darauf folgende Lob gar nicht mehr wahr. Es liegt auf der Hand, dass auch diese Regel für den, der auf den Schoß will, a priori keine Gültigkeit hat, ja, keine Gültigkeit haben darf! Negative Rückmeldungen erlebt der extrem zuwendungs- und zärtlichkeitsbedürftige Mitarbeiter, wie oben ausführlich dargestellt, als seelische Ohrfeigen mit katastrophalen Auswirkungen für ihn selbst, für Sie und für das Unternehmen. Der-auf-den-Schoß-will sollte deshalb niemals von Ihnen kritisiert werden. Niemals und unter gar keinen Umständen!

Am sichersten ist es, beide zielführenden Handlungen, das pauschale und das positive Rückmelden, miteinander zu koppeln: Bauen Sie in jedes Gespräch, das Sie mit einem »schoß-bedürftigen« Mitarbeiter führen, ein unspezifisches, auf die ganze Person des Mitarbeiters zielendes Lob ein. Liegt ein konkreter Anlass vor, benutzen Sie diesen – und zwar unabhängig davon, ob es sich um ein anerkennungs- oder um ein kritikwürdiges Verhalten des Mitarbeiters handelt (!) – lediglich als Startrampe für das abzufeuernde Totalkompliment, dem Sie bei Bedarf, als Nebensächlichkeit getarnt, eine korrigierende Anweisung anheften. Einige Bespiele mögen Ihnen zeigen, dass diese Regel in *jeder* Situation realisierbar ist:

- Ihr Mitarbeiter S. hat bei einer zahlenmäßigen Auflistung wieder einmal vergessen, den entscheidenden Posten aufzuführen. Sie schicken ihm daraufhin eine E-Mail folgenden Inhalts: »Lieber Herr S., vielen Dank für die zahlreichen Positionen in Ihrer Auflistung. Ohne Sie wüsste ich gar nicht, wie viel Unwichtiges ich bisher übersehen habe. Sie sind unersetzlich! Machen Sie mir doch mit einer weiteren Aufstellung noch einmal eine Freude. Und wenn Sie mögen, fügen Sie eine Kleinigkeit für mich bei: den Posten XY.«
- Ihre Mitarbeiterin F. wird während des jährlich zu führenden Mitarbeitergesprächs von einem Weinkrampf geschüttelt. Sagen Sie ihr mit viel Wärme in der Stimme: »Ich finde es wundervoll, wie Sie Ihre Gefühle zeigen. Weiter so, liebe Frau F. – das ist es, woran es uns in diesem Unternehmen mangelt. Sie sind eine Perle!« Sie können dieses verbal vorgetragene Lob noch verstärken, indem Sie die von Ihrer Mitarbeiterin gewählte nonverbale Kommunikationsform aufgreifen und ihr einen Handkuss zuwerfen.
- Ihr 1,48 Meter großer, zärtlichkeitsdefizitärer Mitarbeiter Z. kommt Ihnen auf dem Gang entgegen. Obwohl kein Gesprächsanlass vorliegt, rufen Sie ihm, kurz bevor sich Ihre Wege kreuzen, laut und munter zu: »Herr X, Sie sind der Größte!«

Eine Ausnahme von der Regel, sich denen, die »auf den Schoß« wollen, pauschal positiv zuzuwenden, bildet die Reaktion auf Mitarbeiter, die aus tiefer Resignation um Zärtlichkeit in Form von »Schlägen« betteln. Hier können Sie nur eines tun: Geben Sie diesen Mitarbeitern das, was sie sich infolge ihres resignativen Seelenzustands so sehr wünschen – die Psychopeitsche. Ein Beispiel: Herr T. greift Sie während eines Dreiergesprächs, an dem auch Ihre Vorgesetzte teilnimmt, frontal mit den Worten an: »Das ist doch Stuss, was Sie da sagen!« Schlagen Sie unverzüglich mit der Faust auf den Tisch, fixieren Sie Herrn T. unter zusammengezogenen Augenbrauen mit stierem Blick und brüllen Sie so laut wie Sie können: »Sie sind ein ganz mieses, kleines, unverschämtes Arschloch! Raus!« Sollte Ihre Vorgesetzte, nachdem Herr T. befriedigt den Raum verlassen hat, leichte Signale des Befremdens erkennen lassen, erklären Sie ihr, eventuell mit dem Hinweis auf diese Publikation, den psychologischen Sinn Ihrer für den Laien auf den ersten Blick schwer nachvollziehbaren verantwortungsvollen Führungshandlung.

IHR ERFOLG

Jedes dieser Beispiele macht deutlich, welchen Nutzen der richtige Umgang mit denen, die auf »den Schoß« wollen, mit sich bringt:

- Herrn S. werden auch zukünftige Fehler nicht entmutigen, seine Aufgaben, so gut er dazu in der Lage ist, zu erledigen. Mit Ihrer lobenden Zuwendung bewahren Sie ihn davor, demotiviert in den Krankenstand zu wechseln.

- Ermutigt, ihre Gefühle zu zeigen, wird Frau F. als motivierte Multiplikatorin der familiären Erlebnisdimension zum Vorbild ihrer Kollegen.
- Der körperlich nicht allzu große Herr Z. wird innerlich wachsen und Ihnen den dank Ihrer Intervention gewonnenen seelischen Größenzuwachs über kurz oder lang in Form gesteigerter Leistungsbereitschaft und -fähigkeit zurückzahlen.
- Mitarbeiter T. setzt glücklich leidend seine Arbeit fort, und Ihre Vorgesetzte bedankt sich bei Ihnen für den Nachhilfeunterricht in verantwortungsvoll gelebter Empathie und individuell angemessener kooperativer Führung.

TIPP 2 LOBEN SIE MITARBEITER, DIE »AUF DEN SCHOß« WOLLEN, ÖFFENTLICH!

Wir kennen wohl alle den positiven Effekt des öffentlichen Lobes. Welch ein Unterschied ist es doch, ob Ihnen jemand im Stillen unter vier Augen sagt, dass er Ihr Verhalten gut findet, wie sehr er Sie schätzt und dass Sie ein ganz außergewöhnlicher Mensch sind, oder ob Sie diese Einschätzungen und Beurteilungen Ihres Handelns und Ihrer Person in der Zeitung lesen, im Fernsehen sehen oder auf Facebook oder Twitter gepostet finden! Auch für den Fall, dass Ihnen eine derartige öffentlichkeitswirksame Zuwendung noch nicht widerfahren ist, wächst Ihnen sicher bei dem bloßen Gedanken daran schon eine wohlige Gänsehaut. Nun können Sie das Lob Ihrer besonders zuwendungsbedürftigen Mitarbeiter nicht immer auf die genannte Weise medial bekannt machen. Aber auch die Ihnen zur Verfügung stehenden Bordmittel garantieren, geschickt eingesetzt, größten Erfolg.

Neben der vielleicht in Ihrem Unternehmen erscheinenden Mitarbeiterzeitung ist Ihre Gruppen-, Team- oder Abteilungsbesprechung der angemessene Ort, um im Kreise Ihrer Mitarbeiter Öffentlichkeit herzustellen. Mit Ausnahme der Kollegen, die Urlaub haben oder aus Krankheitsgründen fehlen, sind alle »an Deck«. Jeder sieht und hört jeden. Alle sind gespannt auf die Informationen, die auch diese Veranstaltung wieder zu einem Highlight im beruflichen Alltag werden lassen. In der Regel sind Sie es, der die Besprechung moderiert. Alle Augen sind auf Sie gerichtet, die Mitarbeiter hängen fasziniert an Ihren Lippen. In diesem Moment freudigster Erwartung und höchster Aufmerksamkeit strecken Sie mit großer Geste den Arm aus, zeigen auf einen Mitarbeiter, der »auf den Schoß« will, und loben ihn mit überschwänglichen Worten. Explizit und exklusiv! Alle Köpfe fliegen in seine Richtung. Alle Zuwendung gilt ihm. Allein ihm! Wie muss er sich fühlen? Zehnmal, zwanzigmal, ja, wenn Ihre Abteilung genügend Köpfe zählt, auch hundertmal auf den Schoß genommen! Eine bombastische Streicheleinheit wird ihn durchdringen, eine Explosion ungeahnter Zärtlichkeitszuwendung wird sein liebeshungriges Ego erschüttern! Und vergessen Sie nicht: Pauschal und unangemessen soll die Intervention sein (vgl. Tipp 1), um ihre volle Wirkung zu entfalten. Also loben Sie Ihren liebeshungrigen Mitarbeiter auch, wenn er dieses Lob in der Sache nicht verdient, und sogar dann, wenn eine Kritik oder ein Tadel angemessener wären!

Auch hierzu ein Beispiel: »Frau N., Sie sind heute zwanzig Minuten später gekommen, weil Sie die Erledigung anderer Tätigkeiten wichtiger fanden als die Teilnahme an dieser Besprechung. Das spricht für Ihre überdurchschnittliche Arbeitsmoral und -disziplin. Bravo!« Und nun schauen Sie, gestisch von einem ausufernden Rundumschwenk Ihres ausgestreckten Armes untermalt, in die Runde und fügen mit erhobener Stimme hinzu: »Eigenverantwortung, meine Damen und Herren, ist eine der wichtigsten menschlichen Tugenden – vor allem im Beruf! Nehmen Sie sich ein Beispiel an unserer Frau N. – von solchen Mitarbeitern können wir mehr gebrauchen!«

Es versteht sich von selbst, dass ein derartiges öffentliches Lob bei einer Mitarbeiterin wie Frau N. kein Einzelfall sein darf. Wer »auf den Schoß« will, braucht wiederholt und nachdrücklich ähnliche Zärtlichkeitsbekundungen, damit die »Medizin« ihre volle Wirksamkeit entfalten kann.

Verstärken lässt sich der positive Effekt dieser Methode noch durch ein dosiertes Diskrepanzverhalten: Kritisieren Sie, unmittelbar bevor Sie den Mitarbeiter loben, der »auf den Schoß« will, einen anderen Mitarbeiter auf möglichst heftige Weise. Etwa: »Herr U., wie Sie wieder dasitzen! Ein Affe auf dem Schleifstein ist nichts dagegen. So arbeiten Sie auch, mein Lieber – unmöglich!« Lob und Kritik werden in ihrer Intensität stets in Relation zu einem zugrunde liegenden Bezugssystem erlebt. Unter Blinden ist der Einäugige König, sagt der Volksmund. Und im Verhältnis zu einem »unmöglichen, affengleichen« Kollegen ist der »tugendhaft eigenverantwortliche« Mitarbeiter natürlich ganz große Klasse!

IHR ERFOLG

Das Faszinierende an der öffentlich praktizierten Methode des unangemessenen Lobens ist, dass Sie damit eine doppelte Wirkung erzielen. *Unmittelbar* ist Ihre Person der Wirkfaktor: Der Chef nimmt mich vor allen anderen auf den Schoß – wunder-

bar! Das ist die menschlich wie unternehmerisch wünschenswerte Reaktion des Mitarbeiters, der »auf den Schoß« will.
Aber das ist noch nicht alles! Hinzu kommt die nachhaltige
mittelbare Wirkung auf das Verhalten der übrigen Kollegen:
Die anderen Mitarbeiter wollen auch öffentlich gelobt werden!
Was tun sie deshalb? Sie strengen sich an. Sie eifern dem, der
»auf den Schoß« will, nach und werden sich zukünftig ähnlich
verhalten. In dem obigen Beispiel heißt das: mehr Eigenverantwortung zeigen. Auf diese Weise gelingt es Ihnen, mit einer
einzigen zielgerichteten Führungsaktivität gleich mehrere
Mitarbeiter zu motivieren!

DER STUHLBEINSÄGER

BETRIEBLICHES VERHALTEN

Sitzen Sie gut? Gut und sicher? Das ist schlecht! Denn wer es sich auf seinem Chefsessel allzu bequem macht, wer sich rundum sicher fühlt auf seiner hierarchischen Position, der lebt gefährlich. Der droht einzunicken. Wegzusacken. In Routinen zu verfallen. Ideenlos zu werden. Zahnlos und kampfesmüde. Kurzum: zu einer lahmen Ente zu mutieren, die den Namen »Führungskraft« nicht mehr verdient und deshalb in absehbarer Zeit zuerst auf ein Abstellgleis und dann auf den Dampflokfriedhof verschoben wird. Karriere ade, heißt es dann. Ansehen futsch – und das Selbstwertgefühl ist im Keller. Wollen Sie sich das antun? Sich selbst und Ihren Liebsten? Gewiss wollen Sie das nicht!

Was also brauchen Sie, um in Form und »hungrig« zu bleiben? Konkurrenz! Die permanente Bedrohung Ihres Postens. Sie müssen den heißen Atem mindestens eines Rivalen im Nacken spüren, um in Hochform zu bleiben und die Stelle, die Sie innehaben, überzeugend auszufüllen. Die Bundesligatrainer und -manager machen es uns vor: Für möglichst jede Position sitzt einer auf der Ersatzbank. Einer, der nur darauf lauert, dass der aktuelle Stammspieler patzt. Dass er sich nicht reinhängt. Dass er es an Einsatz und Siegeswillen fehlen lässt. Dass er Gurkenflanken schlägt und zaghaft in die Zweikämpfe geht. Und der so »bedrohte« Spieler? Den Teufel wird er tun, die heimlichen Wünsche seines Kollegen zu erfüllen! Er wird sein Bestes geben. Kämpfen wird er, rennen und seine Mannschaftskameraden mit millimetergenauen Pässen bedienen.

Ist *Ihr* Unternehmen nicht auch eine Bundesligamannschaft mit Mitarbeitern, die sich einen Stammplatz erkämpfen und ihren Marktwert erhöhen wollen? Die von Real Madrid und der Champions League träumen und bereit sind, *alles* zu geben, um diesen Traum Wirklichkeit werden zu lassen? Gut, mögen Sie sagen, dann ist ja alles in Butter. Denn wenn ich mir meine Konkurrenten so ansehe: Die können mir nicht das Wasser reichen. Denen bin ich zehnmal überlegen. Vorsicht! Wer auf der Ersatzbank lauert, den sehen Sie dort. Den kennen Sie. Den können Sie einschätzen: Was kann er? Was will er? Was hält der Trainer von ihm? Aber wie ist es mit versteckten Konkurrenten? Mit heimlichen Interessenten für Ihre Stelle, die Sie ganz und gar nicht auf der Rechnung haben? Und die Sie deshalb überhaupt nicht einschätzen können? Gibt es möglicherweise einen unsichtbaren Gegner? Einen, der vielleicht schon an Ihrem Stuhlbein sägt? Jemanden, der – ebenso heimliche – Verbündete hat? Jemanden, der Ihnen *wirklich* gefährlich werden kann? Aha, jetzt werden Sie hellhörig! Jetzt gehen Sie in Gedanken Ihre Mitarbeiter durch. Name für Name, Gesicht für Gesicht. Und? Werden Sie fündig? Ist ein möglicher Stuhlbeinsäger dabei? Ja? Nein? Sie sind sich nicht sicher? Super! Bestens! Denn von diesem Augenblick an werden Sie auf der Hut sein. Sie werden den Verdächtigen im Auge behalten. Sie werden sich bemühen, seine Stärken zu erkennen. Und Sie werden alles daran geben, genau an diesen »Ecken« Ihre eigenen Stärken auszubauen und zu festigen. Sie werden etwas für sich tun, um Ihren Vorsprung vor diesem heimlichen Rivalen zu behalten. Und sobald er die Säge anzusetzen versucht, werden Sie es merken, Ihre Stuhlbeine stützen und betonieren und

Ihren Chefsessel zu einem uneinnehmbaren Thron ausbauen. Dem Stuhlbeinsäger sei Dank! Er festigt Ihre Position im Unternehmen. Er treibt Sie zu Höchstleistungen und wird auf diese Weise ungewollt zum Förderer Ihrer Karriere.

Um diese für Sie und Ihr Vorankommen positiven Kräfte gezielt nutzen zu können, ist es von Vorteil, wenn Sie Sicherheit darüber erlangen, *wer* an Ihrem Stuhlbein sägt und *wie* er das macht. Natürlich ist der Stuhlbeinsäger nicht wirklich unsichtbar. Er tarnt sich nur, gibt sich in seiner Absicht und in seinem Tun nicht zu erkennen. Wer aber einen gut getarnten Gegner entdecken will, muss wissen, wie er »tickt«. Wie er denkt. Wie er fühlt. Wie er sich verhält. Ich will versuchen, Ihnen in der gebotenen Kürze ein entsprechendes Psychogramm des Stuhlbeinsägers zu liefern.

GIFTSPRITZE UND TAKTIK

Der Stuhlbeinsäger ist zuallererst bemüht, Ihren Sitz zum Wanken zu bringen. Das heißt, er versucht, das zu beschädigen, was Ihnen Halt gibt. Und er versucht, es so zu tun, dass Sie es nicht bemerken. Er ist ein Schauspieler. Ein Lächler mit gefletschten Zähnen. Und ein Feigling. Welche Eigenschaften, welche elementaren Fähigkeiten muss aber nun ein feiger Mensch besitzen, der sich zum Ziel gesetzt hat, einen Stärkeren vom Thron zu stoßen? Ein raffinierter Taktiker muss er sein. Umsichtig und vorsichtig muss er handeln. Und unendlich geschickt. Er will jemanden vertreiben, der Macht über ihn hat. Und, wenn möglich, will er ihn sogar vernichten. Um das zu erreichen, muss er neben seinen schauspielerischen Qualitäten und seinem überdurchschnittlichen strategischen

Geschick über eine große kommunikative und soziale Kompetenz verfügen. Er ist, auf seine fiese Art, ein wahrer Könner. Er weiß, wo und in welcher Dosis er das für Sie tödliche Gift verstreuen muss. Das Gerüchtegift. Die kleinen, von niemandem überprüfbaren Unwahrheiten über Ihre Person. Oh, das kann er! Schauen Sie sich nur den folgenden Dialog an:

Stuhlbeinsäger: *Der Chef ist ja ein super Typ, das wissen wir alle. Immer freundlich, immer fair, und er hängt sich in der Regel ja auch voll rein. Dass wir den Fünfhunderttausend-Euro-Auftrag nicht gekriegt haben, weil er zu lange gezögert hat, das kann vorkommen. Er hat ja auch familiär viel am Hals. Da vergisst du schon mal einen Termin. Aber das ganze Geschwätz, dass dadurch jetzt unsere Arbeitsplätze in Gefahr sind, davon halt' ich gar nichts.*

Kollege: *Was? Wie? Nun mal langsam! Unsere Arbeitsplätze sind in Gefahr? Und der Chef hat Mist gebaut? Das ist ja der Hammer! Was is'n da los bei ihm? Privat, mein' ich.*

Stuhlbeinsäger: *Keine Ahnung. An solchen Spekulationen beteilige ich mich nicht. Wir machen schließlich alle Fehler.*

Kollege: *Aber nicht solche! Und wenn die da oben Mist machen, dann müssen wir Kleinen das ausbaden.*

Stuhlbeinsäger: *Tja, so ist das nun mal. Aber deshalb kann man doch nicht sagen, dass jemand den Bereich leiten müsste, der keine Familie hat ...*

Sicher wundert es Sie nicht zu erfahren, dass dieser freundliche Stuhlbeinsäger »zufällig« ledig ist. Und dass er dafür bekannt ist, Entscheidungen eher zu früh als zu spät zu fällen.

Ein Gespräch unter Kollegen, wie das hier skizzierte, führt der Stuhlbeinsäger quasi im Vorübergehen. In der Kantine, auf dem Flur, auf dem Mitarbeiter-WC. Es dauert keine drei Minuten. Kurz mal die Säge angesetzt. Kaum spürbar. Nur ein unscheinbarer Kratzer im Stuhlbein seines Chefs. Aber stellen Sie sich vor, der Stuhlbeinsäger zückt sein Werkzeug jeden Tag ein, zwei Mal. In immer neuen Situationen, immer anderen Kollegen gegenüber – und gegenüber seinem Chef-Chef, dem Vorgesetzten seines Chefs!

Das kann etwa so aussehen: Der Stuhlbeinsäger hat von der Geschäftsleitungsassistentin, die im selben Verein Tennis spielt wie er, erfahren, dass der Geschäftsführer um 16 Uhr zu einer Videokonferenz gehen wird. Und dass unter anderem das Thema XY auf der Tagesordnung steht. »Zufällig« ist der Geschäftsführer der unmittelbare Vorgesetzte des Chefs des Stuhlbeinsägers. Und »zufällig« wird er auf seinem Weg zum Videokonferenzraum am Büro des Stuhlbeinsägers vorbeigehen, in dem der Stuhlbeinsäger bei geöffneter Tür »zufällig« auf ihn wartet. Um 15.45 Uhr ist es so weit: Der Stuhlbeinsäger tritt schwungvoll – wie zufällig – auf den Gang und kann gerade noch bremsen, bevor er mit dem Geschäftsführer zusammenrasselt.

Stuhlbeinsäger: *Oh, pardon, Herr V., da war ich wohl ein bisschen schnell.*

Geschäftsführer (lacht): *Lieber ein bisschen schnell als ein bisschen zu langsam.*

Stuhlbeinsäger: *Apropos schnell: Herr E.* (der Chef des Stuhlbeinsägers) *hat den Auftrag, den Sie ihm gestern Mittag gegeben haben, an mich delegiert. Die Aufstellung zum Vorgang
XY. Ich sollte die eigentlich bis morgen Nachmittag fertig haben, aber die Sache war so interessant und ging so leicht von
der Hand, dass ich Sie Ihnen jetzt schon geben kann, wenn Sie
wollen.*

Geschäftsführer: *Zum Vorgang XY – hm, ja, ich weiß. Es könnte
sein, dass ich die Zahlen gleich ganz gut gebrauchen kann. Ja,
dann mal her damit, ich bin nämlich ein bisschen in Eile.*

Stuhlbeinsäger (hechtet in sein Büro und reicht seinem Chef-
Chef den Computerausdruck der Aufstellung ...): *Hier, bitte.*
(... um dann – scheinbar scherzhaft – hinzuzufügen) *Und
wenn Sie wieder mal was brauchen ...*

Geschäftsführer (lacht): *Ich werde auf Ihr Angebot zurückkom-
men.*

Spätestens dann, wenn ich meinen Chef beerbt habe, denkt der
Stuhlbeinsäger und schärft in Gedanken seine Säge für den
nächsten Einsatz ...

SO FÜHREN SIE STUHLBEINSÄGER

STELLEN SIE DEM STUHLBEINSÄGER DIE GELEGENHEITSFALLE!

Es gibt Vorgesetzte, die machen es ihren Stuhlbeinsägern schwer. Sie geben sich keine Blöße, verbergen geschickt ihre Schwachstellen oder, weitaus schlimmer, haben gar keine. Vorerst jedenfalls. Für Jahre vielleicht. Aber dann schleichen sie sich ein, die hausgemachten Karrierefeinde mit den klangvollen Namen *Selbstzufriedenheit*, *Bequemlichkeit* und *Überheblichkeit*. Feinde, die zu Verbündeten des Stuhlbeinsägers werden! Denn neben all seinen anderen Fähigkeiten ist der Stuhlbeinsäger auch ein Schläfer, wie wir ihn aus der Terrorismusszene kennen. Er kann warten. Er geht kein Risiko ein. Erst wenn er eine Gelegenheit sieht, seine Gerüchte- und Verleumdungssäge erfolgreich anzusetzen, kommt er – immer noch maskiert (!) – aus der Versenkung und schlägt zu. Und damit ist der Vorteil auf seiner Seite!

Diesen Vorteil gilt es ihm zu nehmen. Sie allein müssen Herr des Geschehens sein. Sie und kein anderer steuern den Stuhlbeinsägeprozess! Sie brauchen den Stuhlbeinsäger, um sich fit zu halten. Aber Sie müssen auch und zuallererst darauf achten, dass er Ihren Stuhl nicht wirklich zum Zusammenbrechen bringt. Deshalb müssen Sie alles tun, um das Heft des Handelns nicht aus der Hand zu geben. Das heißt konkret: Sorgen Sie dafür, dass der Stuhlbeinsäger an Ihrem Chefsessel sägen kann, geben Sie ihm aber insgeheim und von ihm unbemerkt vor, wann und wie!

Nehmen wir an, Sie stellen fest, dass Sie in Sachen Softwareentwicklung nicht mehr ganz auf dem Laufenden sind.

Und dass Sie in diesem Zusammenhang zweierlei bemerken: Zum einen finden Sie es lästig, sich alle Naslang in ein neues Computerprogramm einzuarbeiten und sind deshalb froh darüber, dass Sie dafür Ihre Leute haben. Zum anderen fühlen Sie sich zusehends inkompetenter und unsicherer, weil das Tun Ihrer Mitarbeiter immer undurchschaubarer für Sie wird. Einerseits froh, andererseits unzufrieden – unterm Strich ein höchst anstrengender und belastender Zustand. *Objektiv* betrachtet ist dieses Know-how-Defizit kein Beinbruch. Schließlich sind Sie Führungskraft – der Architekt lädt auch nicht eigenhändig die Steine in die Schubkarre. Aber *subjektiv* gesehen wäre es schon gut, wenn Sie PC-mäßig auf dem Laufenden wären ...

Dieses Verhältnis von objektiv zu subjektiv ist der Indikator dafür, dass es sich lohnt, dem mit Sicherheit irgendwo lauernden Stuhlbeinsäger die Gelegenheitsfalle zu stellen. Und das geht so: Sie erwähnen auf der nächsten Besprechung im Kreise Ihrer Mitarbeiter – der Stuhlbeinsäger ist mit an Sicherheit grenzender Wahrscheinlichkeit dabei (!) –, dass es ein Riesenproblem für Sie sei, das vor einem halben Jahr eingeführte Computerprogramm überhaupt nicht zu beherrschen. Und dass Sie die schlimmsten Befürchtungen hegten, Sie könnten einen katastrophalen Fehler mit den schlimmsten Auswirkungen für das Unternehmen machen. Und nun aufgepasst! Fixieren Sie Ihre Mitarbeiter mit Argusaugen und spitzen Sie die Ohren! Huscht ein sekundenschnelles Lächeln über eines der Gesichter? Leuchten zwei Augen blitzend auf? Sagt einer Ihrer Mitarbeiter – leise, aber so, dass Sie es hören müssen (!) – zu dem Kollegen neben ihm: »Der Chef spinnt doch. Ich find', er kennt sich super am PC aus«? Fangen Sie dann noch einen megakurzen, kaum wahrnehmbaren, auf Sie gerichteten Seitenblick des Flüsterers auf, als wollte er sich vergewissern, ob seine Lügenbotschaft wirklich den Empfänger erreicht hat? Denn *er* will *Ihnen* eine Falle stellen, will Sie in Sicherheit wiegen, damit er im Schutze Ihrer Gutgläubigkeit nach Lust und Laune seine Säge schwingen kann.

Doch der Fallensteller sind Sie! Gewiss, Sie sind noch nicht ganz sattelfest in der Anwendung der neuen Software. Aber dort, wo es um die wirklich wichtigen, den Unternehmenserfolg beeinflussenden Arbeiten geht, benutzen Sie diese Software gar nicht. Und sollte sie Verwendung finden, dann lassen Sie den jeweiligen Job von einem Ihrer Mitarbeiter erledigen, der PC-mäßig voll auf der Höhe ist. Also: *Objektiv* dringen die Kerben, die der Stuhlbeinsäger in Ihren Chefsessel zu sägen vermeint, nicht einen Millimeter tief in das eichene Holz des Sockels ein, auf dem Sie sitzen.

So, und nun kümmern Sie sich um die *subjektive* Komponente: Sie fühlen sich besser, wenn Sie softwaremäßig auf dem Laufenden sind? Kein Problem, Ihr Motivationsmotor ist angesprungen. Um in den Augen Ihrer Mitarbeiter und unter den Augen Ihrer Vorgesetzten nicht als EDV-Depp dazustehen, setzen Sie sich ein, zwei Wochenenden auf den Hosenboden und machen sich von A bis Z mit der neuen Software vertraut.

IHR ERFOLG

Zwei Fliegen haben Sie auf diese Weise mit einer Klappe geschlagen: Der Stuhlbeinsäger kann nach Herzenslust sägen, ohne Sie damit zu gefährden, und Sie haben eine Ihrer Schwächen minimiert. Gleichzeitig frustrieren Sie den Stuhlbeinsäger nicht total. Er weiß ja nicht, dass er, von Ihnen ferngesteuert, auf verlorenem Posten kämpft. Und wie gesagt: Stuhlbeinsäger haben einen langen Atem. Hat sein Angriff auf Ihre scheinbar katastrophale Softwareschwäche nicht den erwünschten Erfolg, taucht er in aller Stille wieder ab und wartet darauf, dass *Sie* ihm die nächste Gelegenheitsfalle stellen, um sich, mit seiner Unterstützung, erneut ein wenig fitter zu machen und den Stuhl, auf dem Sie sitzen, weiter zu festigen.

TIPP 2   MACHEN SIE DEN STUHLBEINSÄGER ZU IHREM STELLVERTRETER!

Insbesondere in Zeiten, in denen die anstehenden unternehmerischen Herausforderungen Ihre ganze Aufmerksamkeit und Energie erfordern, kann die Fernsteuerung eines Stuhlbeinsägers zur Last werden. Und die vernachlässigte Steuerung zur Gefahr. Denn der Stuhlbeinsäger ist nicht auf den Kopf gefallen. Ganz im Gegenteil: Er ist raffiniert! Sobald Sie ihn aus den Augen verlieren, wird *er* das Heft des Handelns in die Hand nehmen und Ihnen möglicherweise tatsächlich den einen oder anderen Schaden zufügen. Dem müssen Sie zuvorkommen!

Sobald Sie merken, dass Sie, um die anstehenden Herausforderungen bewältigen zu können, an Ihre Grenzen gehen müssen und das Risiko immer größer wird, mit einem Fehler ein Desaster heraufzubeschwören, ist der Zeitpunkt gekommen, den Stuhlbeinsäger an das Ziel seiner Wünsche zu bringen. Melden Sie sich krank! Aber vergessen Sie nicht, vorher dafür zu sorgen, dass der Stuhlbeinsäger Sie vertritt. Dazu ist es nötig, sobald die ersten dunklen Wolken am Unternehmenshorizont auftauchen, auf der Chefetage das Loblied auf Ihren

Stuhlbeinsäger zu singen: »mein bester Mitarbeiter ... mit echten Führungsqualitäten ... absolut verlässlich ... loyal wie kein
Zweiter« und so weiter und so fort. Unterstützen Sie diesen
Schachzug mit ein paar lancierten Arbeiten anderer, wirklich
hervorragender Mitarbeiter, die Sie der Geschäftsführung als
Arbeitsergebnisse des Stuhlbeinsägers unterjubeln. Sobald Sie
sich nach derartiger Vorarbeit in den gefakten Krankenstand
begeben, wird man auf der Chefetage froh und dankbar sein,
einen fähigen Stellvertreter für Sie benennen zu können, der
Ihren Bereich in dieser schweren Zeit führen kann.

IHR ERFOLG

Pustekuchen. Das kann Ihr Stuhlbeinsäger natürlich nicht.
Ganz im Sinne Ihres genialen Plans wird er den Laden an die
Wand fahren. Mit Pauken und Trompeten wird er untergehen und mit ihm ... Halt! Soweit darf es nicht kommen. Denn
jetzt kommt Ihr großer Auftritt: Der Retter naht! Trotz Ihres
angeschlagenen Gesundheitszustands schleppen Sie sich zur
Arbeit, nehmen auf Ihrem unbeschädigten Sessel Platz und
retten, was zu retten ist. Der Stuhlbeinsäger hat verloren, Sie
sind der glorreiche Sieger. Ihre Chefs werden Ihnen die Füße
küssen – vorausgesetzt, Sie sind nicht zu spät gekommen und
Ihre Firma muss Konkurs anmelden. Aber das wollen wir nicht
hoffen, denn mit dem richtigen Timing finden Sie den optimalen Zeitpunkt für Ihren Abgang in die »Krankheit« und Ihre
glorreiche Rückkehr. Im besten Falle ist das Unternehmen gerettet und Sie klettern eine Stufe höher auf der Karriereleiter.
Der angeschlagene Stuhlbeinsäger wird seine Wunden lecken
und beizeiten wieder aufstehen, um Ihren Nachfolger mit sei-

nen Künsten zu erfreuen. Sie aber halten die Augen auf. Und die Ohren. Denn der nächste Stuhlbeinsäger wartet schon auf Sie.

TIPP 3

BEFÖRDERN SIE IHREN STUHLBEIN- SÄGER ZU IHRER GEHEIMWAFFE AN DER WETTBEWERBSFRONT!

Wie Sie wissen, sind Stuhlbeinsäger Meister der Tarnung und geübte Untergrundkämpfer. Nutzen Sie diese hervorragenden Fähigkeiten, um Ihrem Unternehmen einen Wettbewerbsvorteil zu verschaffen. Stellen Sie sich vor: Ihr Stuhlbeinsäger heuert in Ihrem Auftrag bei der Konkurrenz an, findet dort die Schwachstellen des Managements heraus, teilt sie Ihnen mit, und Sie richten Ihre Marktstrategie maßgeschneidert so aus, dass Ihr Unternehmen den Mitbewerber meilenweit überflügelt!

In eigener Sache möchte ich allerdings zu bedenken geben, dass dies ein ausschließlich *psychologischer* Ratschlag ist. Bevor Sie ihn in die Tat umsetzen, empfehle ich Ihnen, juristisch prüfen zu lassen, ob ein derartiger Schachzug im Falle seiner Entdeckung strafrechtlich verfolgt werden könnte. Auch der berühmte Strafverteidiger und Psychologe Alois Gitter warnt in seinem 1999 erschienenen Jahrhundertwerk »Von Knastologen lernen« davor, alles, worin uns unsere kriminellen Mitbürger überlegen sind, in unseren Alltag zu übertragen. Vorsicht ist also geboten: Sollten Sie mit der von mir vorgeschlagenen Handlungsweise auch nur die Grauzone der Gesetzwidrigkeit betreten, lassen Sie besser von dem Vorhaben ab. Für den Fall aber, dass Ihnen Ihr Anwalt grünes Licht gibt, gehen Sie folgendermaßen vor:

Sofern Sie gute Karten bei der Geschäftsführung haben, weihen Sie die Unternehmensleitung in Ihren Plan ein. Sollte Ihr Draht nach oben hingegen angeknackst sein, handeln Sie auf eigene Faust. Entscheidend ist, dass Ihr Stuhlbeinsäger *tatsächlich* bei der Konkurrenz anheuert. Dazu muss er den Arbeitsplatz in Ihrem Unternehmen aufgeben. Sollte er dazu nicht freiwillig bereit sein, helfen Sie ein bisschen nach. Der Mobbingbegriff wird heute definitiv überstrapaziert. Ein bisschen Hetze, ein paar Drohungen, hier und da ein gezieltes Stressen des Mitarbeiters können, wohldosiert eingesetzt, durchaus als akzeptable Maßnahmen eines effizienten und effektiven Führungsverhaltens verstanden werden. Ich denke, Sie wissen, was ich meine: Machen Sie Ihrem Stuhlbeinsäger Feuer unterm Hintern – aber so, dass er nicht merkt, dass Sie der Grillmeister sind! Verhalten Sie sich, wie er sich verhält: Agieren Sie verdeckt, setzen Sie sich die Maske des edlen Helfers auf, wenn das Gift, das Sie zuvor verspritzt haben, zu wirken beginnt.

Entscheidend ist, dass Sie genau recherchiert haben, welche freien Stellen beim Konkurrenzunternehmen zu besetzen sind und ob Ihr Stuhlbeinsäger die Qualifikation für eine dieser Stellen mitbringt. Nun müssen Sie nur noch warten, bis er weichgeklopft ist. Fehlerhaftes Arbeiten, Beschwerden von Kunden und Kollegen, gehäufte Fehlzeiten, all dies sind Hinweise darauf, dass die Zeit reif ist. Und dann spielen Sie den barmherzigen Samariter! Zeigen Sie Ihrem angeschlagenen Stuhlbeinsäger Ihr »tief empfundenes« Mitleid. Heucheln Sie Verständnis dafür, dass er die Anfeindungen und den Stress nicht mehr aushält. Und schließlich stecken Sie ihm, Sie hätten zufällig von einer freien Stelle beim Wettbewerber gehört, die maßgeschneidert für ihn zu sein scheint. Und vergessen Sie nicht, ihm, untermalt von Schulterklopfen und Augenzwinkern, zu versichern, dass Sie nichts davon wissen, falls er vorhat, zur Konkurrenz zu wechseln.

Wenn der Schritt vollzogen ist, der Stuhlbeinsäger hat gekündigt und sich in seiner neuen Firma eingelebt, warten Sie noch ein paar Wochen ab. Dann suchen Sie eine Gelegenheit, um ungezwungen Kontakt mit ihm aufzunehmen. Vielleicht spielt er Badminton. Werden Sie Mitglied in seinem Verein! Fangen Sie an, Badminton zu spielen! Durchgeschwitzt und in kumpelhafter Stimmung ist es ein Leichtes, Ihren ehemaligen Stuhlbeinsäger zu einem Bier einzuladen. Ein Bier, zwei Bier, drei Bier. Passen Sie den Zeitpunkt ab, an dem die Emotionen die Oberhand gewinnen, und dann schlagen Sie zu: »Ehrlich gesagt, ich hab' dich ja nur ungern gehen lassen. Bei deinen Fähigkeiten! Aber du hast mir einfach leidgetan ... Nein, nein, nein, ich hab's ja gern getan. Ist doch selbstverständlich, dass man sich gegenseitig hilft ... Dein Nachfolger? Na ja, also, wenn ich ehrlich bin, der hat von Tuten und Blasen keine Ahnung. Ich muss seinen Job quasi noch mitmachen – und dass jetzt, wo wir Kunden verloren haben. Unsere wichtigsten Kunden – und das ausgerechnet an deine neue Firma ... Echt? Das war dir nicht klar? Tja, wenn ich's dir sage ... Tja, jetzt geht's wohl endgültig bergab. Und in meinem Alter eine entsprechende Stelle zu finden, wenn wir Pleite gehen, das dürfte auch nicht so leicht sein ... Helfen? Du willst *mir* helfen? Du fühlst dich in *meiner* Schuld? Red' doch keinen Stuss! Von Schuld kann überhaupt keine Rede sein. Außerdem: Wie könntest du mir helfen, du bist ja gar nicht mehr bei uns. Sei froh! ... Infos? Du könntest mir ein paar Infos rüberwachsen lassen? ... Habt ihr echt so viel zu tun, dass ihr eigentlich gar nicht alle Aufträge annehmen könnt? ... Hm ... tja ... wenn das so ist ... Aber bring' dich bloß nicht in Gefahr! Nicht, dass du nochmal die Firma wechseln musst!«

IHR ERFOLG

Geschafft! Ihr Informant hat angebissen. Ihre Saat geht auf, und Sie können beginnen, die Ernte einzufahren. Und damit tun Sie noch ein gutes Werk! Nicht nur für Ihr Unternehmen, nein, auch für Ihren ehemaligen Stuhlbeinsäger, denn Sie geben ihm die Möglichkeit, seine vermeintliche Schuld zu begleichen. Dass er Ihnen in Wahrheit nichts schuldet, spielt dabei keine Rolle. Entscheidend ist allein, dass er es so erlebt! Bei jeder Information, die er Ihnen zukommen lässt, wird er Erleichterung empfinden. Jeden Tag, an dem er für Sie spioniert hat, wird er mit einem glücklichen Feierabend abschließen. Und das alles dank Ihrer uneigennützigen Intervention!

DER BLENDER

BETRIEBLICHES VERHALTEN

Was für Mitarbeiter brauchen Sie? Sie brauchen solche, die auf der Höhe der Zeit sind. Die mit beiden Beinen voll im Leben stehen. In unserem Leben, dem Leben der Gegenwart. Und wenn so ein Mitarbeiter der Zeit sogar noch ein wenig voraus ist – umso besser. Um zu erkennen, welcher Ihrer Mitarbeiter diese Qualitäten mitbringt, werfen Sie zuerst einen Blick auf unsere Zeit, unsere Gegenwart, insbesondere auf unser so großartig funktionierendes Wirtschaftssystem. Was unterscheidet es von früheren Epochen? Die Älteren unter Ihnen haben gewiss noch einen Spruch im Ohr, den sie zuweilen mit mahnend erhobenem Zeigefinger von ihren Eltern zu hören bekamen: Eigenlob stinkt. Aber stinkt Eigenlob auch heute noch? Nein, es duftet. Es ist das Odeur des wirtschaftlichen Erfolgs! Schauen Sie sich doch nur einmal die Werbung an: Sind die angepriesenen Produkte und Dienstleistungen wirklich konkurrenzlos die unerreicht besten ihrer Art?

Selbstverständlich nicht. Kein einigermaßen gescheiter Mensch glaubt ernsthaft, was ihm da mit den höchsten Lobeshymnen angepriesen wird. Denken Sie nur an die Speiseeiswerbung eines bekannten Lebensmittelproduzenten: Wie lecker kleckst in dieser Sequenz, die angeblich die Produktion des Eises am Stiel abbildet, die noch flüssige Schokolade auf den kalten Vanillekern. Da läuft einem doch das Wasser im Mund zusammen – was es garantiert nicht täte, wenn der Betrachter wüsste, dass es sich bei der so appetitlich aussehenden Masse nicht um Schokolade, sondern um Motoröl handelt. Die Welt will betrogen sein, hat ein weiser Mensch schon vor Zeiten gesagt – daran hat sich nichts geändert!

Nun sind derartige Betrügereien keineswegs auf die kommerzielle Bewerbung von Wirtschaftsgütern beschränkt. Das Sich-Darstellen, das mehr aus sich Machen als wirklich vorhanden ist, der Schwindel mit der Verpackung, all das hat längst unseren privaten Alltag erreicht. Schon mal etwas von Selfies gehört? Glauben Sie, die sind immer echt? Nein? Okay, dann leben Sie *nicht* hinterm Mond. Dann sind Sie up to date. Mittels leicht zu bedienender Foto-Optimierungsprogramme für Smartphones und Tablets lassen sich die scheinbar spontan geschossenen Selbstporträts in Sekundenschnelle in Starfotos verwandeln.

Auch im Berufsleben wird entsprechend geschummelt. Ich spreche hier nicht nur von der Eintrittskarte zum Bewerbungsgespräch, dem Bewerbungsfoto. Das hat ein guter Fotograf auch vor 50 Jahren schon gekonnt frisiert. Nein, die Rede ist von den zahlreichen Büchern, Broschüren, Videos und sonstigen Online-Anleitungen, die, mit variablen Titeln, ausnahmslos zur Rubrik »Wie bewerbe ich mich richtig?« gehören. Und wozu leiten diese Machwerke an? Zum Schummeln, Angeben, Lügen und Betrügen, zum Vorspiegeln falscher Tatsachen, was die Kompetenzen, Erfahrungen, Stärken, das Sozialverhalten und und und des Stellenbewerbers betrifft. Sorry – Sie fragen sich, warum ich das hier breittrete? Das ist doch nichts Besonderes? Das ist doch der längst in unseren Unternehmen und Behörden akzeptierte Standard? Genau, das ist es. Und gerade deshalb streiche ich es hier so heraus: Privat ist es akzeptiert, beim Eintritt in die Firma ist es sogar gewollt – und *nach* dem Eintritt? Wie finden Sie es dann, wenn ein Mitarbeiter mehr vorgibt, als er mit seinen Leistungen halten kann? Dann sind Sie sauer. Dann sagen Sie: Was für ein elender Aufschneider. Ich frage Sie: Ist das fair? Oder huldigen auch Sie einer gängigen Doppelmoral, wenn Sie so denken und – schlimmer noch – sich dem Betreffenden gegenüber entsprechend abweisend, tadelnd, verurteilend verhalten?

Ich schreibe das nicht, um Moral zu predigen. Ich betone es nur deshalb, weil ich Ihnen verdeutlichen möchte, dass Sie mit einem derartigen Tun eine »Perle von Mitarbeiter« mit Schmutz bewerfen. Eine Perle, mit der Sie sich schmücken könnten! Der Blender ist auf der Höhe unserer Zeit. Er steht mit beiden Beinen voll in der Gegenwart. Und sofern er den Mut hat, die Vorspiegelung falscher Tatsachen beizubehalten, zu pflegen und, wenn möglich, auszubauen, *nachdem* er aufgrund seines Blendverhaltens eingestellt wurde, ist er seiner Zeit sogar ein Stück weit voraus. Solche Mitarbeiter brauchen Sie, Sie sollten sie nicht verprellen!

Wie verhält sich der Blender nun aber konkret? Zuallererst beherrscht er die altbekannte Regel: »Habe stets eine Akte unterm Arm, wenn du dein Büro verlässt, und bewege dich auch dann, wenn du kein bestimmtes Ziel ansteuerst, aufrecht und zügig, aber nicht gehetzt, mit geschäftigem Gesichtsausdruck durchs Unternehmen!« Der moderne Blender verzichtet selbstverständlich auf ein papiernes Schein-Beweisstück für seine Geschäftigkeit. Er hat stattdessen das Smartphone am Ohr, oder, besser noch, er spricht vernehmlich, aber keineswegs aufdringlich laut in ein unsichtbares Mikrofon. Dabei vergisst er nicht, Kollegen und Vorgesetzte, die seinen Weg kreuzen, freundlich lächelnd zu grüßen. Des Weiteren hat er immer und überall alles im Griff, was er mit seinem stets vollen, aber aufgeräumten Schreibtisch unter Beweis stellt. Und schließlich weiß er zu allen Schwierigkeiten dieser Welt das Richtige zu sagen, sodass der Schluss naheliegt: Was er in der Hand hat, das, woran er gerade arbeitet, erledigt er auf vorbildliche Weise. Sollte es aber auffallen, dass seine Arbeitsergebnisse nicht dem entsprechen, was er zu tun und zu leisten vorgibt, dann sind die anderen schuld. Oder die Unbilden nicht zu beeinflussender Umstände haben ihn daran gehindert, zu halten, was er versprochen hat. Der Blender ist cool, geschickt und souverän. Er ist der Urenkel jenes jungen Mannes, den Thomas Mann in seinem Roman »Bekenntnisse des Hochstaplers Felix Krull« so trefflich beschrieben hat. Also: Dem Blender geht es gut. Er ist rundum okay.

DAS BLUFF-EXPERIMENT

Wie wichtig dieses unerschütterliche Selbstbewusstsein gerade heute ist, zeigt eine Untersuchung, die die Arbeits- und Betriebspsychologin Carol Bluff 2014 an Mitarbeitern eines weltweit agierenden Computerkonzerns durchführte. Bluff gewann 72 Techniker der Unternehmensbereiche Entwicklung und Produktion eines weltbekannten Herstellers von PC-Druckern als Probanden, denen sie – notariell hinterlegt – Anonymität zusicherte. Bestimmt ist Ihnen, verehrte Leser, bekannt, dass die Hersteller die Lebensdauer von Computerdruckern gezielt begrenzen, um so den Absatz für ihre neuesten Produkte zu erhöhen. Was bedeutet das aber für die Mitarbeiter, die wider besseres Wissen und Können ein für den Anwender und Käufer suboptimales Produkt entwickeln und produzieren? Das Argument: »Das sichert eure Arbeitsplätze« ist zweifelsfrei ein starkes. Aber reicht es aus, das Gewissen

zu beruhigen? Wie würde es einem Dentisten in einer Zahn-
klinik gehen, der die Order erhielte, seinen Patienten ein Kilo
Gummibärchen mit dem Ratschlag auszuhändigen: »Immer
gut einspeicheln und so lange kauen, bis die breiige Masse alle
Zähne umspült«? Fühlt er sich doch dem Eid des Hippokrates
verpflichtet, in dem es heißt: »Ich werde ärztliche Verordnun-
gen treffen zum Nutzen der Kranken nach meiner Fähigkeit
und meinem Urteil, hüten aber werde ich mich davor, sie zum
Schaden und in unrechter Weise anzuwenden« (vgl. Lichtenthaeler 1984).

Diese Diskrepanz von vorgeblichem und realem Tun wird
geradezu dramatisch zugespitzt, wenn die Mitarbeiter zur Förderung der Corporate Identity eine Maxime ins Stammbuch
geschrieben bekommen, die ihrer wahren Tätigkeit Hohn
spricht. Im Falle der hier dargestellten wissenschaftlichen Untersuchung waren alle als Versuchspersonen angeworbenen
Angestellten seitens ihres Unternehmens dazu verpflichtet,
im Betrieb ein T-Shirt mit der Aufschrift »Quality is our mission« zu tragen. Die Mitarbeiter des Managements trugen das
Motto auf ihren Krawatten.

Carol Bluff platzierte diese Probanden vor den Eingängen
von PC-Reparatur-Annahmestellen und trug ihnen auf, Kunden, die ihr defektes Gerät abgegeben hatten, mit dem Satz
anzusprechen: »Qualität ist mein Auftrag, aber ich produzie-
re absichtlich Schrott.« Sobald sie diesen Satz gesagt hatten,
mussten sie sich umdrehen und die in den meisten Fällen total
verdutzten Kunden stehenlassen. Diesen Vorgang hatte jeder
Proband im Laufe eines Tages dreißig Mal zu wiederholen.

Nach dem zehnten, dem zwanzigsten und dem dreißigsten
Durchgang befragte die Forscherin die Druckerspezialisten
mittels eines standardisierten Erhebungsverfahrens zu ihrer

Zufriedenheit mit ihrem Arbeitsplatz. Angemerkt sei, dass fünf Probanden ihre Teilnahme an dem Experiment vor Erreichen des dreißigsten Durchgangs eigenmächtig beendeten. Drei von ihnen entschuldigten sich bei dem von ihnen zuletzt angesprochenen Kunden dafür, bei einem Unternehmen tätig zu sein, das möglicherweise für den Defekt an seinem Gerät verantwortlich sei. Einer der drei fiel gar, um Vergebung bittend, vor dem Kunden auf die Knie. Die beiden anderen Probanden, die nicht bis zum Schluss dabei blieben, stießen lauthals Drohungen gegen ihren Arbeitgeber aus und verließen den Einsatzort. Jegliche Vermutung, die am Abend desselben Tages vorgefallene Demolierung des fabrikneuen Ferraris des Geschäftsführers stehe mit dem Versuchsabbruch zumindest eines dieser beiden Mitarbeiter in einem direkten und eventuell kausalen Zusammenhang, verwies die Versuchsleiterin ausdrücklich in das Reich der Märchen und Sagen.

Insgesamt gesehen jedoch entsprach das Untersuchungsergebnis der überprüften Hypothese:

- Je häufiger die Probanden sich selbst und ihre potenziellen Kunden mit der in sich unverträglichen Aussage konfrontierten, Qualität und gleichzeitig Pfusch zu produzieren, desto stärker sank ihre Arbeitszufriedenheit.
- Und da grundsätzlich ein wissenschaftlich gesicherter ursächlicher Zusammenhang zwischen Arbeitszufriedenheit und Arbeitsmotivation besteht, lassen die Erhebungsdaten den Schluss zu, dass ein Corporate-Identity-Motto mit der Realität des Arbeitens übereinstimmen muss, weil sonst die begründete Gefahr besteht, dass die überstrapazierte Frustrationstoleranz der Mitarbeiter ihre Arbeitsleistung reduziert.

Sie können sich gewiss vorstellen, wie der PC-Gigant auf diese Schlussfolgerung reagierte: Da die Probanden inkognito an dem Experiment teilgenommen hatten, ließ das Management verlauten, die Untersuchung sei von vorn bis hinten gefakt gewesen, und zwar mit dem alleinigen Ziel, der Firma zu schaden. Die Konkurrenz hielt sich bedeckt, denn eine Krähe hackt der anderen … Sie wissen schon.

Soweit die offizielle Schreibweise. Intern sah die Sache, wie Carol Bluff in einer weiteren Undercover-Aktion herausfand (vgl. Bluff 2015), gänzlich anders aus: Das Unternehmen ließ (ebenso wie vermutlich die Wettbewerber) Bluffs Hypothese hinter verschlossenen Türen von zur Verschwiegenheit verpflichteten Wissenschaftlern überprüfen. Das vom Vorstand befürchtete »positive« Ergebnis dieser geheimen Untersuchung führte zu hektischen Aktivitäten, die in einer Top-Secret-Aktion mündeten:

- Die Mitarbeiter erhielten neue T-Shirts und Krawatten, auf denen der Schriftzug »Quality is our mission« fehlte.
- Zusätzlich wurden Slips und Boxershorts an die Belegschaft ausgegeben, die an der Innenseite eingestickt die Worte »We fabricate trash« aufwiesen.
- Alle Mitarbeiter wurden unter Androhung der fristlosen Kündigung verpflichtet, die Unterwäsche nur innerhalb der Werksgrenzen zu tragen. Wo nicht vorhanden, wurden zusätzliche Umkleidekabinen bereitgestellt.

Soweit die Reaktion des Druckerherstellers. Ich frage Sie: Hätte das Unternehmen den gewünschten – und dem Vernehmen nach auch eingetretenen – Effekt: die motivational negativ wirkende Diskrepanz von »Wir produzieren Qualität, aber stellen

Schrott her« nicht viel einfacher, kostengünstiger und risiko-
ärmer verringern können? Gewiss hätte es das, aber die Verantwortlichen hatten ihre Blender nicht auf der Rechnung – oder,
was wahrscheinlicher ist: Sie haben den Empfehlungen ihrer
Psychologen misstraut. Blender sind es gewohnt, etwas vorzugeben, das nicht vorhanden ist. Blender haben kein Problem
damit, zu behaupten, sie stellten Qualität her, wenn sie Schrott
produzieren! Hätten also die Konzernoberen alle Blender aus
den Bereichen Entwicklung und Produktion strategisch gezielt im Kollegenkreis platziert, wären diese von etlichen der
skrupulösen Mitarbeiter als Vorbilder erkannt und anerkannt
worden und hätten ihnen so alle moralischen Bedenken bezüglich ihres – aus unternehmerischer Sicht – wünschenswerten
Verhaltens genommen.

SO FÜHREN SIE BLENDER

TIPP 1   **SETZEN SIE IHRE BLENDER
GEZIELT ALS VORBILDER EIN!**

Was die Topmanager des besagten Global Players nicht hinbe-
kommen haben – *Sie* können es! Vorausgesetzt,

- die Produkte oder Dienstleistungen, an deren Entwicklung,
  Herstellung oder Vertrieb Sie und Ihre Mitarbeiter beteiligt
  sind, versprechen mehr als sie halten
- und/oder Ihr Management verlangt von Ihnen und Ihren
  Mitarbeitern qualitative Minderleistungen
- und/oder das Corporate-Identity-Credo Ihrer Firma spricht
  der Wirklichkeit Hohn,

dann gibt es nur ein Rezept: Nutzen Sie Ihre Blender als Gewissenskiller! Als Helfer Ihrer gequälten Mitarbeiter, die ihr lügenhaftes Tun nicht mehr aushalten! Als Retter all derer, denen ihre tägliche Arbeit schlaflose Nächte bereitet. Mit einem Wort: als mentale Teufelsaustreiber!

Schicken Sie zu Beginn Ihrer Aktion einen Ihrer Mitarbeiter, den Sie anhand der geschilderten Verhaltensmerkmale (vgl. S. 114f.) als Blender identifiziert haben, auf einen Erste-Hilfe-Lehrgang. Der Blender wird erstaunt sein, warum Sie gerade ihn für eine derartige Fortbildung ausgewählt haben. Halten Sie sich, was den wirklichen Grund angeht, zu diesem Zeitpunkt noch bedeckt und sagen Sie nur: »Sie legen eine Leichtigkeit und Coolness an den Tag, die ich schon längere Zeit an Ihnen bewundere. Erste-Hilfe-Situationen sind Stress pur. Da kann ich niemanden gebrauchen, der unter der Last der Realität zusammenbricht.« Der Blender wird sich mit dieser Erklärung zufrieden geben – zumal der Kurs während der Arbeitszeit stattfindet.

Wenn, wie zu erwarten war, zwei Wochen nach Abschluss der Fortbildung kein medizinischer Notfall eingetreten ist, bitten Sie Ihren Erste-Hilfe-geschulten Blender zu dem für Ihren Plan entscheidenden Gespräch. Dies könnte etwa so ablaufen:

Sie: *Es tut mir leid, dass Sie jetzt, wie es aussieht, auf Ihren frisch erworbenen Kenntnissen sitzen bleiben. Sicher leiden Sie darunter, Ihr Wissen nicht gleich anwenden zu können.*

Blender (nickt)

Sie: *Ich habe mir Gedanken gemacht, wie wir Sie aus diesem Dilemma befreien können. Bei der Ersten Hilfe geht es darum,*

Menschen aus einer körperlichen Notlage zu befreien. Aber es gibt ja nicht nur körperliche Not! Ich bekomme nicht so viel mit wie Sie, was die Kollegen so sagen. Aber was ich mitbekomme ist, dass sich immer wieder jemand darüber beklagt, wie bei uns der nach außen verkündete Anspruch und der tatsächliche Arbeitsauftrag auseinanderklaffen. Schein und Wirklichkeit! Hart ausgedrückt könnte man sagen, wir betrügen unsere Kunden – so erleben es die Betreffenden jedenfalls.

Blender: *Aber die Kollegen …*

Sie (unterbrechen ihn): *Nein, sagen Sie nichts! Ich habe das mit meinen eigenen Ohren gehört. Und ich kann es den Leuten, die sowas sagen, nicht einmal verübeln. Denn sie leiden unter diesem Widerspruch. Sie fühlen sich gezwungen, ihr Wort, das sie als Teil unseres Unternehmens den Kunden gegeben haben, zu brechen. Tja, und nun meine ich, dass Sie das, genau wie ich, ein bisschen professioneller sehen. Und wenn wir das zusammen nehmen: Diese professionelle Denke und die Qualifikation, die Sie erworben haben, dann bietet sich Ihr Einsatz als kollegialer Seelen-Ersthelfer geradezu an.* (Vermeiden Sie es, an dieser Stelle die treffenderen Begriffe »Gewissenskiller« oder »mentaler Teufelsaustreiber« zu verwenden, sie könnten den Blender verwirren!)

Blender: *Ja … und, äh … was soll ich da machen?*

Sie: *Im eigentlichen Sinne machen müssen Sie gar nichts. Sie brauchen nur für die Kollegen da zu sein. Präsent zu sein. Ihnen, wörtlich genommen, bei-zu-stehen. Wenn Sie sehen, wenn Sie hören oder auch nur spüren, dass einer Ihrer Kollegen die be-*

schriebenen Gewissensbisse bekommt, lassen Sie alles stehen und liegen und halten Sie ein Schwätzchen mit ihm. Einfach so. Thema egal. Ihre Ausstrahlung ist es. Ihre Unbeschwertheit, die auf den Beladenen überspringen soll. Ihr Lächeln. Glauben Sie mir, Ihr »Wir-machen-das-doch-super« wird ihn anstecken! Und wenn er lacht und seine Arbeit, die er leidend unterbrochen hatte, freudig wieder aufnimmt, dann beenden Sie Ihren erfolgreich durchgeführten Erste-Hilfe-Einsatz.

Blender: Tja, also, wenn das so ist ... Nur, wenn das mehrere Einsätze am Tag werden ... Ich meine, dann bleibt bei mir ja einiges liegen.

Sie: Wie gesagt, machen Sie sich darüber keinen Kopf. Sie schaffen ja sowieso weniger, als Sie zu schaffen vorgeben, hahaha!

Mit dieser letzten Bemerkung, die Sie mit einem freundschaftlichen Schulterklopfen unterstreichen sollten, signalisieren Sie Ihrem Mitarbeiter, dass Sie seine Art, mehr vorzugeben als zu leisten, nicht nur kennen und akzeptieren, sondern auch schätzen und brauchen. Damit wird das Gesprächsende quasi zur Signatur unter einen Geheimvertrag: Sie und Ihr Blender sind die »brothers in secret«, die gemeinsam ihre Abteilung vor dem Abdriften in die Depression retten.

IHR ERFOLG

Die Leistungsmotivation und, infolgedessen, die Leistung Ihrer Mitarbeiter, in großer Qualität mindere Qualität zu produzieren, wird sicht- und messbar wachsen. Zudem werden in

Ihrem Verantwortungsbereich die Fehlzeiten infolge psychischer Probleme so stark abnehmen, dass die Unternehmensleitung schon bald auf Sie aufmerksam werden wird als jemand, der für höhere Aufgaben bestimmt ist.

TIPP 2

EMPFEHLEN SIE IHREN GRÖSSTEN BLENDER FÜR DEN POSTEN DES GESUNDHEITSBEAUFTRAGTEN!

Sofern Sie den Eindruck haben, dass Ihre Unternehmensleitung das Diskrepanzproblem Schein vs. Wirklichkeit nicht in seinem vollen Umfang erkannt hat, lassen Sie Ihrem Personalvorstand beziehungsweise Ihrem Geschäftsführer ein Konzept zur Optimierung der psychischen Gesundheit der Belegschaft zukommen, dem Sie eine Zusammenfassung der Arbeiten von Carol Bluff (2014 und 2015) beilegen. In diesem Papier sollten Sie folgende Vorschläge begründet darlegen:

Ist-Situation: Das seelische Leiden einiger Mitarbeiter unter dem Diskrepanzproblem und die daraus resultierenden Kosten aufgrund von Minderleistung und psychischer Erkrankung führen zu einer merklichen Minderung des Unternehmensgewinns. (Rechnen Sie die in Ihrem Bereich entstandenen Kosten für das Gesamtunternehmen hoch: Nur Zahlen überzeugen!) *Soll-Situation:* Das Diskrepanzproblem wirkt sich in einem ökonomisch vertretbaren Umfang aus.

Präventive Maßnahmen zur Risikoreduzierung und Erreichung der Soll-Situation: Der Gesundheitsbeauftrage des Unternehmens legt spezielle Übungsprogramme auf, deren Ziel es ist, die Fähigkeit der Mitarbeiter zu erhöhen, schwierige Lebenssituationen ohne anhaltende Beeinträchtigung zu überstehen (vgl. Amann 2015).

Beispiel: In einem eintägigen, auf einem Bauernhof stattfindenden und vom Gesundheitsbeauftragten persönlich geleiteten Outdoor-Resilienz-Training bauen die Seminarteilnehmer eine die Jauchegrube des Anwesens überspannende Brücke. Jeder am Training teilnehmende Mitarbeiter muss diese Brücke einmal freihändig begehen. Die zur Verfügung stehenden Materialien sind so ausgewählt, dass sie den Bau einer tragfähigen Konstruktion unmöglich machen. Das heißt, die Teilnehmer schaffen es zwar, eine Brücke zu bauen. Aufgrund der minderen Qualität (!) bricht diese jedoch bei jedem Überquerungsversuch zusammen, sodass die am Training teilnehmenden Mitarbeiter einer nach dem anderen in der Jauche landen. Haben alle das Procedere hinter sich gebracht, versammelt sich die Gruppe um das qualitativ minderwertige Bauwerk und skandiert den Satz: »Wir sind cool, wir bauen Mist, weil so der Spaß am größten ist.« Der Seminartag endet für die Teilnehmer mit einer heißen Dusche, nach der saubere Kleidung für sie bereitliegt: Die T-Shirts und Sweater sind in unübersehbarer Leuchtschrift mit dem Aufdruck *WSCWBMWSDSAGI* versehen, dessen Bedeutung nur für die Teilnehmer selbst, den als Trainer fungierenden Gesundheitsberater und einige Mitarbeiter der Personalabteilung entschlüsselbar ist: Es sind die Anfangsbuchstaben des skandierten Spruches, die die Mitarbeiter, wenn möglich noch jahrelang, an ihr Jauche-Erlebnis erinnern sollen. Die Kosten für die Reinigung der Kleidungsstücke übernimmt das Unternehmen. Tragen Mitarbeiter die mit dem Geheimmotto bedruckten Shirts und Pullis ganzjährig an ihrem Arbeitsplatz, so erhalten sie dafür einen zusätzlichen Urlaubstag.

Ergänzender Vorschlag: Mitarbeiter XY (hier fügen Sie den Namen Ihres größten Blenders ein) sollte aufgrund seiner herausragenden gesundheitspräventiven Fähigkeiten zum Gesundheitsbeauftragten ernannt werden (als Begründung führen Sie – mit Verweis auf die vorliegende Veröffentlichung – die Verhaltensqualitäten von Blendern an; vgl. S. 114 f.).

Was folgt daraus für Sie? Teilen Sie Ihrem Oberblender mit, dass Sie ihn der Geschäftsleitung als Gesundheitsbeauftragten empfehlen werden, und schicken Sie ihn auf einen Train-the-Trainer-Lehrgang, damit er sofort nach seiner Ernennung die Leitung des empfohlenen Outdoor-Resilienz-Seminars übernehmen kann.

IHR ERFOLG

Neben der Würdigung, die Sie seitens der Unternehmensleitung für Ihre Initiative erhalten werden, ermuntern Sie mit dieser Aktion Mitarbeiter, die sich bisher nicht so recht zu blenden getraut haben, dem Vorbild des neuen Gesundheitsbeauftragten nachzueifern. Das unausgesprochene und gerade deshalb extrem wirksame Motto heißt von nun an: Blenden lohnt sich, denn Blender machen Karriere! Nach und nach wird sich so der Anteil der Blender an der Zahl Ihrer Mitarbeiter erhöhen, bis Sie schließlich über eine ganze Blendermannschaft verfügen, die Ihre Abteilung zur schlagkräftigsten des ganzen Unternehmens machen wird!

TIPP 3

LOBEN SIE MITARBEITER FÜR MINDERLEISTUNGEN!

Falls Sie die Steigerung des Blenderanteils an Ihrem Mitarbeiterstamm durch eine weitere Maßnahme verstärken wollen, empfehle ich Ihnen, *alle* Mitarbeiter grundsätzlich für suboptimale Arbeitsergebnisse zu belobigen. Nach dem Gesetz der psychischen Generalisierung unangemessenen Lobes (vgl. Shitter/Shitter 1999) ist es von Vorteil, wenn Sie besonders katastrophale Leistungen überschwänglich positiv bewerten.

Sprechen Sie diese Belobigungen nach Möglichkeit teamöffentlich aus, damit sich auch die letzten blendscheuen Mitarbeiter ein Herz fassen und ihre Leistungen mutig verschlechtern, um ebenfalls ein positives Feedback von Ihnen zu erhalten.

IHR ERFOLG

Nach und nach werden auf diesem Wege alle Ihre Mitarbeiter die Erfahrung machen, dass es sich lohnt, Pfusch abzuliefern, womit ein schlechtes Gewissen, den Kunden zu betrügen, gar nicht erst aufkommen kann. Ihr Team, Ihre Abteilung, Ihr Bereich wird total »diskrepanzproblemfrei« und damit zur Vorzeigeregion für den Rest des Unternehmens!

DER EIGENBRÖTLER

BETRIEBLICHES VERHALTEN

Es gibt wohl keinen anderen Mitarbeitertypus, der wie der Eigenbrötler freudig bereit ist, selbstständig zu arbeiten und die Verantwortung für sein Tun zu übernehmen, und der darüber hinaus echte, tiefe Glücksgefühle in seiner Selbstständigkeit erlebt. Nomen est omen, der Name ist ein Zeichen, sagte schon der römische Komödiendichter Plautus zweihundert Jahre vor Christi Geburt. Wie treffend ist doch dieser Ausspruch, wendet man ihn auf den Eigenbrötler an! Das seit dem 17. Jahrhundert bezeugte und im 19. Jahrhundert in die Standardsprache übernommene Wort besagt nichts anderes als »Einer, der sein eigenes Brot bäckt« und hatte in Schwaben die Bedeutung »Junggeselle mit eigenem Haushalt«. Ist das nicht großartig? Gerade in Schwaben, dem Land des Fleißes und der Sauberkeit, wurde der Begriff des Eigenbrötlers in seiner ursprünglich positiven Bedeutung verwendet. Ohne den negativen Beiklang, den er heute hat. Recht so, liebe Schwaben, denn wer sein Brot selber bäckt, wer sich in der Beschaffung seines Grundnahrungsmittels nicht von anderen abhängig macht, der ist wahrhaft selbst-ständig, also allein stehend – ein Junggeselle eben, ein Single! Unabhängig von anderen. Eigenverantwortlich.

Wie oft haben Sie als Führungskraft nicht schon darunter gelitten, dass Ihre Mitarbeiter Verantwortung abzuschieben versuchen, ja, ihr eigenes Versagen Kollegen in die Schuhe schieben oder gar *Sie* zum Verantwortlichen für ihre Fehler abstempeln wollten: »Aber Chef, Sie haben mir doch gesagt, ich

soll das so machen …« Das kann Ihnen mit einem eigenbrötlerischen Mitarbeiter nicht passieren. Er ist schon gedanklich
so weit von der Arbeit seiner Kollegen und Vorgesetzten ent-
fernt, dass er gar nicht auf die Idee kommt, sie könnten etwas
verbockt haben, womit er sich beschäftigt hat. Der Eigenbrötler ist von Grund auf autark. Ein Einzelgänger. Ein Einsiedler
im besten Sinne. Am wohlsten fühlt er sich in seiner Höhle.
Ungestört, von niemandem belästigt und niemanden belästi-
gend. Welche Wohltat in Zeiten des kommunikativen Dauer-
tsunamis! Unter den dreihundert E-Mails, die Sie Tag für Tag
zu bewältigen haben, finden Sie keine einzige von Ihrem Eigenbrötler. Alle wollen etwas von Ihnen, stürmen pausenlos
Ihr Büro, beharken Sie mit unverschämtem Handy-Dauerfeuer
und quatschen Sie rücksichtslos in der Kantine an. Nicht so der
Eigenbrötler! Im Grunde genommen ist er unsichtbar. Und un-
hörbar. Quasi nicht existent. Und doch arbeitsam und fleißig
bis zur Selbstaufopferung. Ein seelischer Megaschwabe, ein
Held der Arbeit! Und so glücklich und zufrieden er ist, wenn er
von Ihnen und dem Rest der Welt in Ruhe gelassen sein »Ding«
machen kann, so sehr leidet er unter den modernistischen
Zwängen übertriebener Gemeinschaftlichkeit. Arbeits- und
Projektgruppen – bäh! Teamarbeit – neeeiiiiin! Erzwungenes
Du-und-du, aufoktroyiertes Wir, das sind die Arbeits- und Le-
benskonstellationen, die der Eigenbrötler hasst, die ihn trau-
rig machen und lähmen. Er braucht die Freiheit seiner Einsam-
keit, das Zurückgeworfensein auf sein Selbst, um zu Höchstleistungen aufzulaufen.

EIN RAUSSCHMISS, DER SICH LOHNT

Der Schweizer Sozialpsychologe Arthur Lohnli wies in einem betrieblichen Experimentalsetting eindrücklich nach, wie eigenbrötlerische Mitarbeiter aufblühen, wenn sie aus von ihnen so erlebten »Arbeitszwangssituationen« befreit werden (vgl. Lohnli 2012). Der Forscher erhielt die Erlaubnis, seine Untersuchung vor und während einer vom Management einberufenen Mitarbeiterversammlung des Bereichs »Endfertigung« des Schweizer Schokoladenkonzerns Milkli AG durchzuführen. Den Mitarbeitern war zwar bekannt, dass ein Wissenschaftler der Universität Uri ein Forschungsprojekt im Unternehmen durchführen würde, sie ahnten jedoch nicht, dass die Mitarbeiterversammlung Teil der Untersuchung sein würde. Zehn Tage vor der Versammlung ließ Lohnli die Mitarbeiter der Endfertigung einen Persönlichkeitstest ausfüllen (vgl. Tüppen 1979). Auf der Grundlage der ausgewerteten Daten ordnete er vier der 246 Testpersonen in die Kategorie »Eigenbrötler« ein und sieben in die Kategorie »Schwätzer« (vgl. das Kapitel »Der Schwätzer«, S. 9 ff.; wobei hier angemerkt sei, dass der prozentuale Schwätzeranteil außerhalb der Schweiz grundsätzlich höher ausfallen würde). Die verbleibenden 235 Probanden bezeichnete Lohnli als »unspezifische Sonstige«.

Für den weiteren Verlauf der Untersuchung wurde der die Besprechung moderierende Bereichsleiter vom Forscher instruiert, die insgesamt elf Eigenbrötler und Schwätzer sowie eine gleich große Zahl von per Zufall ausgewählten Mitarbeitern aus der Gruppe der unspezifischen Sonstigen ohne Begründung vor Ablauf der Besprechung vom Meeting auszuschließen und sich auch bei aufkommenden Protesten der Betroffenen nicht zu Erklärungen hinreißen zu lassen, warum ausgerechnet sie nicht bis zum Ende der Veranstaltung dabei sein dürften.

Die Ergebnisse bestätigten die Hypothesen des Forschers in vollem Umfang:

- Die Schwätzer protestierten wortreich gegen ihren Ausschluss und versuchten, als sie die Aussichtslosigkeit ihrer Bemühungen einsehen mussten, ihren Chef mit zunehmend aggressiver werdenden Wortfluten zumindest zu einer Begründung seiner Entscheidung zu bewegen. Nachdem sie endlich unter Androhung disziplinarischer Maßnahmen den Besprechungsraum verlassen hatten, hörte man sie noch durch die geschlossene Tür aufgebracht palavern. In den folgenden Tagen suchten bis auf einen alle Mitarbeiter der Schwätzergruppe das Gespräch mit dem Bereichsleiter, um sich über den »Rauswurf« zu beschweren oder zumindest »endlich« die aus ihrer Sicht überfällige Erklärung zu erhalten.
- Die vier Eigenbrötler reagierten diametral entgegengesetzt: Sie verließen ausnahmslos schweigend und mit einem Hauch von Lächeln auf den Lippen den Raum. Keiner von ihnen nahm in den folgenden acht Wochen von sich aus Kontakt mit dem Bereichsleiter auf.
- Die elf Vertreter der Gruppe der sonstigen Mitarbeiter verhielten sich, je nach Temperament und aktueller Gestimmtheit, von »Froh, sich der liegengebliebenen Arbeit widmen zu können« bis »Was soll's, ist doch eh egal«.

Weil sie die Mitarbeiterversammlung nicht mit der sozialwissenschaftlichen Untersuchung in Verbindung brachten, wunderte sich keiner der heimlich für das Experiment ausgewählten Mitarbeiter darüber, ausgerechnet am Nachmittag des Tages, an dem ihr Chef sie des Raumes verwiesen hatte, von dem Forscher zehn leere DIN-A4-Seiten mit dem Aufdruck VERTRAULICH – NUR FÜR WISSENSCHAFTLICHE ZWECKE in die Hand gedrückt zu bekommen und dazu einen Zettel mit der Instruktion: »Schreiben Sie bitte auf, was Ihnen zum Thema ›Arbeit und Lebensfreude‹ einfällt.«

Die Ergebnisse der textanalytischen Auswertung der Aufschriebe der Mitarbeiter belegen eindrücklich die signifikanten Verhaltensunterschiede von Schwätzern und Eigenbrötlern im betrieblichen Bereich:

- Die Schwätzer gebrauchten 4,78 Mal so viele Adjektive, Adverbien und Verben mit negativ-aggressiver Konnotation wie die Eigenbrötler, wobei Ausdrücke wie »das Letzte«, »unterirdisch«, »saumäßig«, »treten«, »benutzt«, ja, sogar »Scheiße« keine Seltenheit waren.
- Die Eigenbrötler hingegen wählten 3,96 Mal mehr Ausdrücke mit positiv-friedlichem Bedeutungsanklang als die Schwätzer. Sogar Worte wie »Glück«, »Liebe«, »himmlisch«, »grandios« und »dankbar« fanden sich in ihren Texten.
- Die Mittelwerte der Gruppe der sonstigen Mitarbeiter lagen in Bezug auf Aggressivität und Friedfertigkeit dazwischen.
- Auch ein Vergleich der abgegebenen Texte mit von den jeweiligen Mitarbeitern verfassten Schriften wie E-Mails, Briefe, Vorlagen oder Konzepte ergab, dass die Schwätzer nach ihrer »Verbannung« aus der Besprechung aggressiver formulierten als gewöhnlich und dass, im Gegensatz dazu, die Eigenbrötler flotter und »fröhlicher« texteten als normalerweise. Die restlichen für das Experiment ausgewähl-

ten Mitarbeiter wiesen in der Wortwahl keine signifikanten Unterschiede zu ihrem gewohnten Stil auf.

- Am überraschendsten war aber das letzte Ergebnis: Die Eigenbrötler schrieben im Durchschnitt 2,43 Mal längere Texte als die Schwätzer und 1,33 Mal längere als ihre Kollegen aus der Gruppe der unspezifischen Sonstigen!

Lohnli schloss aus den Resultaten der Textanalyse,

- dass sich die Enttäuschung von Schwätzern über ihren Ausschluss aus der kollegialen Gemeinschaft nach anfänglichem »Wutgeschwätz« innerhalb weniger Stunden in eine »Trotz- und Verweigerungsfrustration« umwandele, die sich massiv auf ihre Arbeitsmotivation und -leistung auswirke,
- während die Eigenbrötler die Entlassung aus der Gemeinschaft als Belohnung erlebten, welche sie froh und befreit mit erhöhter Effektivität arbeiten ließe.

In seiner Conclusio rät der Wissenschaftler: Verantwortungsvolle und erfolgsorientierte Führungskräfte sollten eigenbrötlerische Mitarbeiter grundsätzlich von den anderen Mitarbeitern isolieren, um auf diese Weise die für sie optimalen Arbeitsbedingungen herzustellen.

SO FÜHREN SIE EIGENBRÖTLER

TIPP 1

HALTEN SIE EIGENBRÖTLERISCHE MITARBEITER VON GEMEINSCHAFTS-VERANSTALTUNGEN FERN!

Schon die Achtung der Menschenwürde von Eigenbrötlern gebietet es, alles zu tun, damit sie ihr grundlegendes Bedürfnis, ihr »eigen Brot« zu backen, befriedigen können. Im betrieblichen Bereich bedeutet dies: Werden Sie Ihrer Fürsorgepflicht gerecht und sorgen Sie dafür, dass auch nicht einer Ihrer Eigenbrötler unnötig Nähe zu seinen Kollegen ertragen muss. Ich spreche hier nicht nur von radikaler Reduzierung der Zusammenarbeit mit anderen, sondern auch und vor allem von Nähe im ursprünglichen, körperlichen Sinne. Häufig finden Abteilungsmeetings und Teamsitzungen unter beengten Bedingungen statt, weil die Besprechungsräume für Gespräche unter vier bis sechs Augen ausgelegt sind. Selbst wenn Sie in Ihr eigenes geräumiges Büro ausweichen, wird es für teamfähige Mitarbeiter zu eng, sobald sich zwei Personen einen Stuhl teilen müssen oder eine Schreibtischplatte für acht Menschen als Sitzplatz dienen muss.

Noch quälender als Besprechungen erleben Eigenbrötler Gemeinschaftsveranstaltungen, in denen die Möglichkeit fehlt, sich auf die rein berufliche Ebene zurückzuziehen. Betriebsfeste oder, schlimmer noch, Betriebsausflüge sind für den Eigenbrötler der reine Horror. Ein dienstliches Meeting kann er immer noch vorzeitig verlassen, wenn er die in seinen Augen überflüssigen und sinnlosen Beiträge seiner Kollegen nicht mehr erträgt. Er braucht nur ein für die Firma immens bedeutsames Telefonat oder den absolut unaufschiebbaren Besuch eines wichtigen Kunden vorzutäuschen, und schon kann er das Weite in Form seines Arbeitsplatzes aufsuchen. Dieser Fluchtort ist ihm bei einem Betriebsausflug verwehrt.

Um Ihren eigenbrötlerischen Mitarbeiter nicht unnötig mit Besprechungen zu belasten, empfiehlt es sich, ihn grundsätzlich von der Teilnahme daran auszuschließen. Sie brauchen ihm Ihre Entscheidung nur ein einziges Mal mit der knappen Begründung mitzuteilen, seine Arbeitsleistung sei so unverzichtbar wichtig, dass es reine Ressourcenverschwendung wäre, ihn von seinem Arbeitsplatz fernzuhalten. Und da er sowieso in keinerlei kollegiale Zusammenarbeit eingebunden ist, können Sie ihn auch von der Pflicht befreien, die Sitzungsprotokolle zu lesen. Was für Ihre anderen Mitarbeiter notwendige Informationen sein mögen, sind für Ihren Eigenbrötler nichts weiter als kuriose Nachrichten aus einer fernen, fremden Welt. Sollte sich jemand Ihrer Leute über das vermeintliche Privileg seines eigenbrötlerischen Kollegen beschweren, dann fragen Sie ihn doch einfach: »Wäre es Ihnen lieber, die ganze Besprechung über das miesepetrige Gesicht des Kollegen zu ertragen? Sie genießen es doch auch, mal wieder eine Stunde Spaß zu haben, oder?«

Die Freistellung eines Eigenbrötlers von Betriebsfesten oder -ausflügen gestaltet sich womöglich etwas schwieriger. In vielen Unternehmen lädt der Betriebsrat zu derartigen Veranstaltungen ein. Würde es ruchbar werden, dass Sie einem Mitarbeiter empfehlen – oder ihn sogar anweisen (!) –, dem Fest oder Ausflug fernzubleiben, kämen immense Rechtfertigungszwänge auf Sie zu. Da ist es schon besser, der Eigenbrötler erhält die Einladung gar nicht erst! Dies war früher, zu Zeiten der papierenen Kommunikation, einfacher. Manch altgediente Führungskraft erinnert sich noch gern an die Zeiten, als es dem Chef ein Leichtes war, das Lesen und den Besitz unerwünschten Schriftguts unter Strafe zu stellen und Mitarbeiterbüros von dazu legitimierten Staatsdienern durchsuchen zu lassen. Aber keine Angst, auch heute gibt es Möglichkeiten. Dort, wo Informationen auf elektronischem Wege fließen, lässt sich das jeweilige Kommunikationsmedium problemlos vom eigenbrötlerischen Mitarbeiter fernhalten – oder umgekehrt: Sie halten Ihren Eigenbrötler von Telefon und PC fern – was soll er auch mit derartigem, seine Zurückgezogenheit bedrohenden Gerät! Je gründlicher Sie ihn von der Außenwelt – und zwar auch von der innerbetrieblichen – abschneiden, desto wertvollere Arbeit wird er für Sie und Ihr Unternehmen leisten. Der Arbeitsplatz, den Sie ihm zuweisen, ist schlicht und ergreifend elektronikfrei, und sollte das bisher nicht der Fall sein, dann richten Sie es entsprechend ein. Intelligente Mitarbeiterführung bedeutet, die individuellen Stärken der Menschen im Interesse des Unternehmens einzusetzen – trauen Sie es sich, und zwar ganz besonders bei Ihren Eigenbrötlern!

IHR ERFOLG

Ihr eigenbrötlerischer Mitarbeiter wird in seinem autarken Schaffensdrang erheblich weniger gestört und verunsichert, wenn Sie ihn konsequent von betrieblichen Gemeinschaftsveranstaltungen fernhalten. Und er verunsichert wiederum seine eher dem Herdengeist folgenden Kollegen nicht! Infolgedessen werden Sie sowohl ihn selbst als auch Ihre anderen Mitarbeiter effizienter und effektiver arbeiten lassen können. Die Maxime heißt schlicht: Jedem Tierchen sein Pläsierchen, und der Laden brummt!

STELLEN SIE IHREM EIGENBRÖTLER EINE EIGENE »HÖHLE« ZUR VERFÜGUNG!

Abgesehen von Arbeitsplätzen in der industriellen Produktion, die in Werkshallen und Ateliers per se menschliche Nähe implizieren, bieten auch Büroarbeitsplätze keine Inseln für ungestörtes Arbeiten mehr. Nicht nur in Großraumbüros, sondern auch in kleineren räumlichen Einheiten des kaufmännischen Bereiches und der Verwaltung ist kein Mitarbeiter mehr allein. Mindestens zwei Kollegen teilen sich ein Büro, Einzelzimmer sind out. Selbst Führungskräfte kommen in manchen Unternehmen erst ab einer bestimmten Hierarchieebene in den Genuss des eigenen »Reiches«. Was heißt das nun für unsere Eigenbrötler? Sicher tun Sie schon einiges, wenn es Ihnen gelingt, diese Mitarbeiter von Gemeinschaftsveranstaltungen fernzuhalten. Aber reicht das? Abteilungsbesprechungen finden, wenn es hoch kommt, einmal pro Woche statt, häufig lediglich im Monatsrhythmus. Und die Freistellung vom Betriebsausflug erlöst den Eigenbrötler gar nur einmal jährlich für einen Wochentag vom ungeliebten Miteinander. Die restliche Zeit ist er damit beschäftigt, sich seinen Einsamkeitsfreiraum zu beschaffen und zu sichern. Das bindet Ressourcen!

Um diese Ressourcen für die Erledigung der in Ihrem Verantwortungsbereich anstehenden Aufgaben und damit für den Unternehmenserfolg zu nutzen, ist es mehr als sinnvoll, den Eigenbrötler ganzjährig zu isolieren. Ihm an jedem Tag des Jahres zu ermöglichen, ungestört und ungesehen (!) »sein Ding« zu machen, das ist der Königsweg der Eigenbrötlerführung!

Die Führungshandlung, die ich Ihnen an diesem Punkt empfehlen kann, erfordert ein wenig Initiative und Mut – aber es lohnt sich! Wie gesagt, Einzelarbeitsplätze sind für Mitarbeiter ohne Führungsverantwortung die Ausnahme. Sollte das auch in Ihrem Unternehmen der Fall sein, bleibt Ihnen nur eine Möglichkeit: Trennen Sie einen Teil Ihres Büros ab und richten Sie ihn als separaten Arbeitsplatz für Ihren Eigenbrötler ein. Keine Angst, viel Platz müssen Sie nicht hergeben. Und auf Tageslicht müssen Sie auch nicht verzichten. Dem Eigenbrötler reichen zwei bis maximal vier fensterlose Quadratmeter aus. Ein kleiner Schreibtisch samt Schreibtischstuhl sollte allerdings hineinpassen. Dazu eine Schreibtischlampe, und schon ist der ideale Arbeitsplatz für den Eigenbrötler fertig. Lediglich für den Fall, dass er sich in dieser seiner »Höhle« so wohl fühlen sollte, dass er dort auch übernachten möchte, sollte Raum genug für eine Isomatte oder Luftmatratze, eine – auf einem Trödelmarkt günstig zu erwerbende – antike Waschschüssel und eine Ablagemöglichkeit für frische Kleidung vorhanden sein.

Falls Sie trotz der geschilderten Vorteile mit dem Gedanken spielen, keine vier Quadratmeter Ihres Büros zu opfern, sondern den Eigenbrötler stattdessen anderweitig isoliert unterzubringen, möchte ich Ihnen ein warnendes Beispiel aus der Fachliteratur aufzeigen (vgl. Zuchtmann 1988): Ein von Zuchtmann beschriebener Bereichsleiter verschaffte seinem Lieblingseigenbrötler die Möglichkeit, sich in einem in Vergessenheit geratenen Kellerraum des Unternehmens »häuslich« einzurichten. Um diesen vermeintlich genialen Schachzug durchführen zu können, brachte er den eigenbrötlerischen Mitarbeiter dazu, die Geschäftsleitung zu einem Auflösungsvertrag seines Arbeitsverhältnisses zu bewegen. In Wirklichkeit handelte es sich dabei jedoch um eine Schein-Vertragsauflösung, die der Bereichsleiter und sein Eigenbrötler auf eigenes

Risiko vornahmen. Denn tatsächlich arbeitete der Mann weiter für seinen Chef, der für ihn die Abfindung in Wertpapieren anlegte und ihn von dem damit erzielten Erlös mit Lebensmitteln versorgte.

Zuerst schien die Rechnung des Vorgesetzten voll und ganz aufzugehen: Der glückliche Eigenbrötler lief zu ungeahnter Form auf und erledigte gut 80 Prozent der fachlichen Aufgaben seines ehemaligen Chefs zu dessen vollster Zufriedenheit. Erst Wochen nachdem sein »Wohltäter« – aufgrund der Leistungen des Eigenbrötlers (!) – zum Direktor eines Tochterunternehmens in China aufgestiegen war und seinen Wohnort dorthin verlegt hatte, flog der Fall auf, weil der Eigenbrötler, abgemagert und dem Wahnsinn nahe, in der an den Keller grenzenden Tiefgarage umherirrend aufgelesen wurde.

Ich denke, es verwundert Sie nicht, wenn ich Ihnen sage, dass die anfängliche Win-win-Situation ein juristisches Nachspiel für beide Seiten hatte und der zum Direktor avancierte Bereichsleiter seine Karriere als Vertreter für Dosenfisch beendete.

IHR ERFOLG

Also: Besser, Sie trennen für Ihren Eigenbrötler ein paar Quadratmeter von Ihrem Büro ab! So beugen Sie nicht nur unerfreulichen Spätfolgen vor, sondern genießen auch den Nutzen, den der »Eigenbrötler von nebenan« für Sie mit sich bringt:

Erstens schaffen Sie sich den kürzest möglichen Weg zu einem Ihrer besten Mitarbeiter. Nicht weil Sie ihn häufig gehen müssten, ist dies von Vorteil, sondern weil Sie schnell bei Ihrem Eigenbrötler sind, wenn Sie ihn in seiner Funktion als unersetzlichen Spezialisten einmal brauchen. Während andere Mitarbeiter häufig nicht an ihrem Arbeitsplatz anzutreffen sind oder gerade telefonieren, wenn Sie sie in einem dringenden Fall aufsuchen, ist der Eigenbrötler immer für Sie da. Stets am selben Platz. Niemals am Telefon. Er ist da wie Ihr Schreibtischsessel und Ihr Computer, und selbst die unangenehmsten Tätigkeiten wird er gern für Sie ausführen, wenn er es nur ungestört auf seine Weise tun kann.

Zweitens muss der Eigenbrötler in dieser eigens für ihn geschaffenen räumlichen Situation keine Störungen von anderer Seite befürchten, erreichen ihn doch seine Kollegen nur durch Ihr Büro – und die müssen erstmal an Ihnen vorbeikommen!

Fazit: Erfolg, Lohn und Nutzen rechtfertigen diese auf den ersten Blick aufwendig und opfervoll erscheinende Maßnahme allemal.

TIPP 3 **GEBEN SIE EIGENBRÖTLERN FÜHRUNGSVERANTWORTUNG!**

Sofern Sie in einer hierarchischen Position sind, in der Sie, als Führungskraft, Führungskräfte führen – also etwa die Position eines Abteilungsleiters bekleiden, dem Gruppen- oder Teamleiter unterstellt sind –, habe ich noch einen extrem fruchtbringenden Führungstipp für Sie: Besetzen Sie freiwerdende Vorgesetztenstellen mit Eigenbrötlern! Voraussetzung dafür ist, dass Sie daran interessiert sind, möglichst viele eigenverantwortlich arbeitende Mitarbeiter zu haben. Menschen, die nicht en détail vorgekaut haben wollen, was sie wie zu machen haben. Menschen mit eigenen Ideen und der Bereitschaft, die Verantwortung für ihr Tun zu übernehmen.

Um einen Eigenbrötler, den Sie auf eine Führungsposition hieven möchten, nicht mit der Vorstellung zu schocken, sein Einsiedlerdasein in Zukunft aufgeben zu müssen, sichern Sie ihm verbindlich zu, dass sich an seinen solitären Arbeitsbedingungen nichts ändern wird und dass er seine gewohnte Art der extrem eingeschränkten Kommunikation auch als Vorgesetzter wird beibehalten können. Wenn er mag, kann er auch sein bisheriges PC- und telefonfreies Büro behalten, denn entscheidend ist einzig und allein die existenziell grundlegende Vorbildwirkung, die er auf die ihm unterstellten Mitarbeiter haben wird.

IHR ERFOLG

Was aber ist das Vorbildliche im Verhalten eines Eigenbrötlers, mögen Sie fragen. Sind es einzelne, konkrete Handlungen? Bestimmte Fertigkeiten, durch die er sich vor anderen auszeichnet? Nein, derart profane »Qualitäten« sind es nicht, die vom Eigenbrötler auf seine Mitarbeiter abfärben und sie zu seinen Fans und Jüngern machen. Vielmehr ist es das Sosein selbst, die Eigen-Art des Seins, welche in den Menschen, die qua hierarchischer Position zu ihm aufblicken, den eindringlichen Impuls auslösen, so sein zu wollen wie er. »Mach dein Ding! Lass die andern von dir denken, was sie wollen! Du kannst alles und du kannst es allein! ›Unterstützung‹ und ›Hilfe‹ sind Fremdwörter für dich!«

Gewiss, das will ich nicht leugnen, sind es auch einige konkretisierbare Handlungen auf der Beziehungsebene, welche die Mitarbeiter einer eigenbrötlerischen Führungskraft von ihrem Chef schwärmen lassen: Er kritisiert sie nicht! Er delegiert nicht eine einzige Aufgabe an sie! Niemals bekommen sie den Angst und Schrecken verbreitenden Satz »Kommen Sie bitte in einer Viertelstunde in mein Büro!« zu hören, und das ungeliebte Mitarbeiter-Jahresgespräch findet nicht einmal alle hundert Jahre statt! Welch Mitarbeiterparadies! Und welch Paradies für Sie, denn die Sach- und Facharbeiter, die ihrem eigenbrötlerischen Gruppenleiter nacheifern, werden genau wie er kein Meeting mehr zu einer Laberrunde verkommen lassen, keine Arbeiten mehr rückdelegieren und nicht mehr als williges Herden-Arbeitstier den Beweis erbringen, wie wahr doch die uralten Weisheiten sind, die selbstverständlich auch Ihnen, verehrte Leser, ein Begriff sind: »TEAM heißt toll, ein anderer macht's« und »Wenn du mal nicht weiter weißt, gründe einen Arbeitskreis«. Unter fruchtloser Teamarbeit und totgeborenen Arbeitskreisen werden Sie nicht mehr zu leiden haben, wenn Sie Ihren Eigenbrötlern die Macht geben, immer mehr der Ihnen als Chef-Chef unterstellten Mitarbeiter vorbildlich zu beeinflussen!

TIPP 4 NUTZEN SIE EIGENBRÖTLER ALS FORTSCHRITTSGURUS!

Mag es in manchen betrieblichen Settings wie in Besprechungen oder auf Betriebsfesten auch so erscheinen, als gehe von Eigenbrötlern eine eher sedierende Wirkung aus, so lässt sich die Ausstrahlung der betreffenden Mitarbeiter in anderen, außergewöhnlichen Situationen als motivierende Kraft zur Belebung des unternehmerischen Fortschritts nutzen. Große Veränderungen werden in großen Firmen auf großen Veranstaltungen verkündet. Seien es Fusionen, sei es der Angriff auf die Konkurrenz, der mit der Eröffnung eines Werkes auf asiatischem Boden beginnen mag – eine kluge Unternehmensleitung wird versuchen, die Mitarbeiter bis hin zum letzten Parkplatzwächter in Form eines Happenings, das an das Wir-Gefühl aller appelliert, auf die große Gemeinschaftsaufgabe einzuschwören. In der Regel wird für eine derartige Start-up-Veranstaltung ein externer Motivationstrainer engagiert. Wenn dieser Profi die Stimmung mit Sätzen wie »Ihre Zeit ist gekommen! Der asiatische Markt wartet auf Sie! Sie werden die Nummer eins in China sein, in Indien und Japan und auf den Philippinen!« zum Siedepunkt getrieben hat, wenn er drei Stühle zertrümmert und seinen Schlips zertrampelt hat, wenn der Saal tobt und das »Wir« wie eine unsichtbare Fackel die tausend, zweitausend, zehntausend versammelten Mitarbeiter mitreißt – dann ist noch nichts gewonnen! Das »Wir« ist rauschhaft, aber nach dem Rausch kommt nicht selten der Kater. Denn die Arbeit, das Mehr an Arbeit, das auf viele der Jubelnden zukommen wird, muss von jedem einzelnen Ich geleistet werden. Deshalb gilt es, jedes dieser Ichs als verantwortlich handelndes Individuum ins sprichwörtliche Boot zu holen. Jeder muss spüren, dass er sich selbst in die Pflicht nehmen will, um seinen Beitrag für das große Gemeinsame zu leisten!

Dies zu Wege bringen, dieses Gefühl und dieses Verantwortungsbewusstsein wecken, kann nur ein überzeugendes Super-Ich. Jemand, der über jeden Verdacht erhaben ist, sich in der Masse zu verstecken. Der nichts mehr fürchtet und verabscheut als individuell unverbindliches Gemeinschaftshandeln. Der authentisch ist in seinem Ego. Der das Wort »Ich an meinem Platz« mit tiefster Inbrunst ausspricht. Und der sich dennoch in aller Ehrlichkeit als Diener seines Unternehmens fühlt, dem er treu ergeben ist. Dieser Job kann nur von einem

Eigenbrötler überzeugend ausgeführt werden! *Er* muss die alles entscheidende Botschaft in die Herzen seiner Kollegen senden. *Er* muss ihnen die Überzeugung, den Willen und die Kraft einpflanzen, ihren ganz eigenen, individuellen bedingungslosen Anteil zum Erreichen des Unternehmenszieles zu leisten.

Auf gar keinen Fall darf aber der als Top-Motivator auserkorene Eigenbrötler dazu den Saal betreten! Menschenscheu wie er ist, würde er nichts als Angst und Abwehr ausstrahlen, und *diese* Signale wären nun wirklich das Allerletzte, was Ihr Unternehmen in diesem Moment bräuchte. Nein, fangen Sie es geschickt an, beziehungsweise beraten Sie die für die Veranstaltung Verantwortlichen entsprechend. Ihr Zauberwort heißt Videobotschaft: Von einer mindestens zwanzig Meter hohen und achtzig Meter breiten Videoleinwand an der Stirnseite des Saales muss der eigenbrötlerischste aller Eigenbrötler des Unternehmens zu seinen Kollegen sprechen – die Frage ist nur, wie bekommt man ihn dazu?

Das einzige, was Sie beziehungsweise die mit der Aufgabe Betrauten tun müssen, um diese entscheidende Videobotschaft zu ermöglichen, ist, dem auserkorenen Eigenbrötler die gewünschten Worte zu entlocken. Und zwar in einem Augenblick, einer Gestimmtheit, in der er erfüllt ist von der Überzeugung, dass nur eines ihm ermöglicht, unabdingbar loyal mit seinem Unternehmen Höchstleistungen zu erbringen: Sein eigenständiges Arbeiten an seinem ureigenen Arbeitsplatz. »Ich an meinem Platz« – das sind die Worte, die er sagen muss und die – natürlich ohne sein Wissen (!) – mit versteckter Kamera aufgefangen werden müssen, um mit ihnen, getragen vom Leuchten in den Augen des Eigenbrötlers, auf dem Siedepunkt der Motivationsveranstaltung das Herz jedes einzelnen Mitarbeiters zu erreichen.

Nehmen wir einmal an, Ihre Unternehmensleitung beauftragt *Sie*, den Schöpfer dieser Idee, mit ihrer Durchführung. Ich will Ihnen nicht verschweigen, dass das Entlocken und Aufzeichnen der für diesen Zweck richtigen, weil überzeugenden Worte des Eigenbrötlers einiges Geschick erfordern. Mit Geschick meine ich nicht den technischen Vorgang, den Sie bewerkstelligen müssen – eine Kugelschreiber- oder Krawattennadelkamera erhalten Sie problemlos im Onlinehandel. Nein, wovon ich spreche, ist Ihr soziales, Ihr psychologisches Geschick. Der Eigenbrötler muss den entscheidenden Satz mit dem entscheidenden Timbre, den entscheidenden Ober- und Untertönen tiefster Überzeugung und Begeisterung sprechen. Das muss nicht wortwörtlich sein. Mit einem Musik-Bearbeitungsprogramm können Sie, selbst wenn Sie kein große Computerfreak sind, überflüssige oder störende Laute auf einfache Weise herausfiltern, sprich löschen. Oder mit cut und paste verschieben. Aber *strahlen* muss Ihr Eigenbrötler! Auch dafür gibt es einen Trick. Nicht per PC – ein Video ist kein Foto, auf dem sich der Mund zu einem Lächeln formen ließe.

Der Trick, um den es hier geht, ist ein psychologischer: Konfrontieren Sie den Eigenbrötler vor der eingeschalteten Geheimkamera mit der Ankündigung, dass er ab sofort in ein Großraumbüro versetzt werde und nur noch in Teams arbeiten dürfe. Er wird schockiert sein. Zutiefst getroffen und aufgewühlt. Am Boden zerstört. Sollte dieser Erfolg Ihrer – natürlich gelogenen (!) – Ankündigung nicht sofort eintreten, schildern Sie ihm seine angebliche Zukunft in den grausam buntesten Farben – irgendwann wird er schon zusammenbrechen. Und nun kommt der Kern dieses Psychotricks: Sie fragen ihn, wo er denn lieber arbeiten würde, wo er denn seiner Meinung nach den größten Nutzen für das Unternehmen brächte.

Und ich garantiere Ihnen: Dem Inhalt nach *kann* er gar nichts anderes antworten als »Hier an meinem Platz«. Nun brauchen Sie nur noch ein »Ich« auf das Speichermedium Ihrer Minikamera zu locken. Dazu reicht wieder eine kurze, knappe Frage aus: »Und wer garantiert mir, dass Sie auch weiterhin in Ihrer Abgeschiedenheit mehr für das Unternehmen leisten als in einem Team?« – »ICH!« Da haben Sie's. Klappe zu, der Film ist abgedreht! Ein Satz und ein Wort, gesprochen von einem zutiefst von der Kraft des eigenen Ichs, der eigenen unteilbaren Verantwortung im Dienste des Unternehmens getriebenen Mitarbeiter, welche Sie mit einem einfachen elektronischen Handgriff zu einer überzeugenden, tief anrührenden Botschaft zusammenführen. Einer Botschaft, die zum Garant des Unternehmenserfolgs werden wird!

IHR ERFOLG

Optimal überzeugte, eingestellte und motivierte Mitarbeiter ziehen an einem Strang und geben tatsächlich *ihr* individuelles, eigenes Letztes, um das von der Unternehmensleitung ausgegebene Ziel zu erreichen. Und wer ist die Mutter, wer der Vater des Erfolgs? *Sie* und kein anderer, denn der das Zauberwort sprechende Eigenbrötler war nichts weiter als *Ihr* Werkzeug!

DER MECKERER

BETRIEBLICHES VERHALTEN

Niemals zuvor in der Geschichte der Menschheit war es so wichtig wie heute, nicht stehen zu bleiben. Immer weiter, immer höher, immer schneller – darum geht es nicht nur im Sport. Der unbändige Wille, besser und besser zu werden, ist auch die Kraft, die unsere wirtschaftliche Leistungsfähigkeit erhält und vorantreibt. Auf allen lebensbestimmenden Gebieten, von der Produktion von Babywindeln über die Herstellung von Computerspielen bis zur Entwicklung von Treppenlifts und umweltfreundlichen Verfahren der krematorischen Verbrennung, ist ein nie endender Fortschritt der Garant für unser Glück. Deshalb brauchen wir Menschen, die von diesem Willen durchdrungen und von dieser Kraft getrieben sind. Menschen, die unermüdlich dafür sorgen, dass wir unser Glück nicht verlieren, sondern mehren. Menschen, die uns aufopferungsvoll anstoßen, ermuntern, ja, zwingen, vorwärtszugehen, unserem Heil entgegen.

Wir alle kennen solche Menschen – und verkennen sie! Denn sie betonen nicht, dass *sie* es sind, die so viel, so Entscheidendes für uns tun. Die beinahe pausenlos und unermüdlich den Treibstoff für Neuerungen liefern. Die die heimlichen Motoren des Fortschritts sind: unsere Meckerer!

Meckern – was ist das? Es ist nicht mehr und nicht weniger als der deutliche Hinweis auf Schwachstellen, unerfreuliche Nebenwirkungen und ungewollte Konsequenzen einer Entscheidung, einer Neuerung, einer – vermeintlichen – Optimierung. Und der Hinweis darauf, dass es ganz anders, besser, viel besser gehen könnte. Der Meckerer ist nie zufrieden. Immer findet er ein Haar in der Suppe, mag sie uns auch noch so munden. Und genau das ist es, was uns – was *Sie* – nervt! Nie können Sie es den Meckerern unter Ihren Mitarbeitern recht machen. Mögen alle anderen auch jubelnd in die Hände klatschen und Sie für die Innovation feiern, die Sie auf den Weg gebracht und eingeführt haben, die Meckerer machen Ihnen den Erfolg von Grund auf mies. »Hätte man nicht besser ... In anderen Unternehmen, daaaaa ...« Oder gar: »Schon wieder was Neues ... Das Alte hat sich doch bewährt ...«

Halt, mögen Sie jetzt rufen. Das Alte? Das ist doch rückwärtsgewandt! Was heißt hier »Motor der Fortschritts«? Das ist doch das totale Gegenteil! Das ist doch pure Fortschrittsverhinderung! – Falsch gedacht, kann ich Ihnen da nur entgegenhalten. Zu kurz gedacht! Denn wozu zwingen Sie diese Einwände Ihres Meckerers? Was ist die Konsequenz seiner Worte, sofern Sie ihren sachlichen Inhalt als Hinweis und Aufforderung ernst nehmen? Die Konsequenz ist, dass Sie sich nicht zufrieden zurücklehnen und sagen: »Geschafft!«, sondern sich pausenlos und unermüdlich fragen: »War das wirklich die richtige Entscheidung? Hätte ich nicht besser doch ...?« Nur so, nur mit dieser selbstkritischen Grundhaltung können Sie Ihren Beitrag dazu leisten, den Wettbewerbern stets eine Nasenlänge voraus zu sein. Vergessen Sie nie: Die Konkurrenz schläft nicht. Und das Bessere ist der Feind des Guten!

Seien Sie deshalb besonders bei der Interpretation eines Satzes wie »Das Alte hat sich doch bewährt« nicht kurzsichtig. Und schon gar nicht beleidigt, weil der »böse« Meckerer Ihre Leistung nicht würdigt. Seien Sie ihm dankbar! Denn er ist der Einzige, der Sie darauf hinweist, noch einmal darüber nachzudenken, was an dem Alten, das Sie in Ihrer Begeisterung für Ihre Neuerung ein für alle Mal auf den Müllhaufen werfen wollen, bis dato gut und brauchbar gewesen ist. Vielleicht lohnt es sich ja, in weiser Voraussicht zu prüfen, ob es nicht für die übernächste Optimierung wieder ausgegraben werden kann, um es dann als das Neueste und Beste wieder einzuführen? Die Mode macht es uns vor! Heben Sie doch nur einige der Kleidungsstücke für ein paar Jahre auf, die ansonsten bei der Übersiedlung Ihrer Eltern oder Großeltern ins Alten- und Pflegeheim auf Nimmerwiedersehen im Hausauflösungs-Container verschwinden würden. Zehn Jahre. Oder besser zwanzig. Ihre Kinder und Enkelkinder werden sich um die höchst modernen und damit allerbesten, total modischen Hemden, Hosen, Jacken und Schuhe prügeln.

Im Wirtschaftsleben ist das nicht anders: Ist heute Zentralisierung angesagt und Dezentralisierung nichts weiter als ein alter, unbrauchbarer und unbedingt mit Stumpf und Stiel auszurottender Hut, dann werden Sie in vielleicht zwanzig, fünfundzwanzig Jahren mit einem Konzept punkten können, das die dezentrale Organisation Ihres Konzerns als die vielversprechendste und unbedingt umzusetzende strukturelle Neuerung darstellt – und dafür von Ihrer Unternehmensleitung belobigt werden. Kurzum: Was der Meckerer auch kritisiert, worüber er sich auch beschwert, und ganz gleich, wann, wo und wie er dies tut, er erweist Ihnen und Ihrem Unternehmen einen unbezahlbaren Dienst! Er muss es nicht besser wissen. Er braucht auch keine Alternative aufzuzeigen. Allein, dass er die Stirn kraus zieht, allein sein wunderbares Zauberwort »Aber« sollte Ihnen Hinweis und Anreiz genug sein, um nicht in den Schlaf der Zufriedenheit zu fallen und aus dem immerwährenden Kampf um den ersten Platz im Fortschrittswettstreit auszusteigen. Der Meckerer hindert Sie stets und überall daran, auf dem Weg zum Glück zu pausieren. Er weist Sie unerbittlich darauf hin, dass die Zufriedenheit der größte Feind des Glückes ist.

Das gilt nicht nur für die Zufriedenheit mit dem fachlich Erreichten, die sich mit dem Begriff der Innovationsträgheit auf den Punkt bringen lässt. Es gilt ebenso für die Zufriedenheit im Zwischenmenschlichen, Kollegialen. »Friede, Freude, Eierkuchen«, das ist das unausgesprochene Schlagwort derer, die Konflikte unter den Teppich kehren und stumm ihr Loblied auf die Harmonie des Lebens singen. Harmonie des Lebens! Hätten unsere Urväter sie zur Hymne ihrer Existenz erkoren, hätte es nicht auch vor Tausenden von Jahren schon Meckerer gegeben, die am Erreichten herumgemäkelten und damit ihren satten Stammesgenossen auf den Jäger-und-Sammler-Geist gingen, dann säßen wir heute noch auf den Bäumen und würden uns gegenseitig in liebevoller Zuwendung die Läuse aus dem Pelz klauben. Nein, die Unzufriedenheit mit dem Erreichten ist es, der Zweifel am vorgeblich Optimalen und das Äußern dieses Zweifels – mit einem Wort: das Meckern ist es, das den emotionalen Boden dafür schafft, die Dinge kritisch zu sehen und zu hinterfragen und immer, immer weiter nach dem Besseren zu suchen. Die Meckerer waren und sind die wahren Förderer einer Streitkultur, die wir brauchen, um menschlich und wirtschaftlich voranzukommen. Und aus diesem Grunde ist es auch *Ihre* kulturelle Pflicht, Ihre ewig unzufriedenen Mitarbeiter, Ihre nervigen Nörgler, Ihre Meckerer zu fördern und zu pflegen! Freuen Sie sich über jedes Aber – je schlechter die Stimmung, desto besser die Zukunftsaussichten!

Aber es ist nicht nur die Streitkultur, die der klassische Meckerer fördert. Auch die Fehlerkultur bringt er zu einer ohne ihn unerreichbaren Blüte. Mitarbeiter neigen dazu, insbesondere ihren Vorgesetzten gegenüber, Fehler zu verschweigen. Der Grund dafür ist in den meisten Fällen Angst. Angst davor, bei der nächsten Beurteilung schlechter abzuschneiden, im Wettbewerb mit den Kollegen als Verlierer dazustehen, als unfähig oder dumm abgestempelt zu werden. Oder die Mitarbeiter fürchten sich vor Kritik und disziplinarischen Konsequenzen. Die Folge für Führungskräfte ist katastrophal: Als Vorgesetzter sind Sie darauf angewiesen zu erfahren, was wo und aus welchem Grund schiefgelaufen ist, denn nur dann können Sie darauf hinwirken, dass sich Ähnliches nicht wiederholt. Das fortschrittliche Management spricht deshalb von Fehleroffenheit, Fehlertoleranz und Fehlerfreundlichkeit. Offen sein für Fehler, Fehler gar unternehmensöffentlich machen und ebenso verständnisvoll wie hilfsbereit auf sie reagieren, darauf kommt es an, will man aus ihnen lernen und es in Zukunft besser machen. Aus diesem Grund müssen Fehler ihr Bedrohliches verlieren. Ja, sogar ihr Besonderes! Denn was alltäglich ist, darüber kann man frei und offen sprechen, und wenn es alle Welt weiß – na und! Aber versuchen Sie das mal zu predigen! Die Mitarbeiter lauern ja nur darauf, dass Sie Ihr Wort von wegen Toleranz und Fehlerfreundlichkeit brechen. Dass Sie angefressen auf einen Mitarbeiter reagieren, dem ein Missgeschick passiert, dass Sie ihn anschreien, vor seinen Kollegen bloßstellen, drei Wochen lang nicht mehr mit ihm sprechen oder ihn unter einem fadenscheinigen Vorwand aus dem Urlaub zurückpfeifen.

Nein, das Einführen einer positiven Fehlerkultur überlassen Sie besser den Fachleuten, sprich: Ihren Meckerern. Dazu brauchen Sie nichts, aber auch gar nichts zu tun, und ich brauche Ihnen deshalb auch keinen Tipp zu geben, denn die Meckerer machen das von ganz allein. Sie regen sich über alles auf. Kein Meeting, keine Arbeitsgruppensitzung, keine Teambesprechung, ohne dass einer Ihrer Meckerer auf etwas hinweist, dass er »nicht okay« findet. Und was ist das anderes, als das wieder und wieder wiederholte Anklagen eines *Fehl*verhaltens, einer *Fehl*entscheidung, eines *Fehlers*? Es ist nichts anderes! Dank der nimmermüden Fehler-Entlarvungs-Initiative der Meckerer wird es für alle Ihrer Mitarbeiter zur Selbstverständlichkeit, nicht nur Fehler offen anzusprechen, sondern auch Fehler zu machen. Dies zu tolerieren und zu fördern, ist eine Ihrer vorrangigen Aufgaben als moderne Führungskraft: Werden Sie in Kooperation mit Ihren Meckerern zum Fehlerförderer, um wahre Fehlerfreundlichkeit beweisen zu können!

MECKERER – DIE RETTER PAR EXCELLENCE

Dass Meckerer nicht nur Förderer des Fortschritts, der Streitkultur und der Fehlerkultur sind, sondern auch zu Rettern werden können, hat der bekannte britische Katastrophenforscher William Shrekk in einer bahnbrechenden Computersimulation eindrücklich nachgewiesen. Der Wissenschaftler spielte in 87 unterschiedlichen Versionen das Geschehen auf der Brücke der Titanic durch, und zwar zwischen dem 11. April 1912, 13:30 Uhr (dem Zeitpunkt des Auslaufens des geschichtsträchtigen Luxusliners vom Zwischenstopp Queenstown in Irland) und dem 14. April 1912, 23:40 Uhr (dem Zeitpunkt der Sichtung des todbringenden Eisbergs) (vgl. Shrekk 2009). Nur in einer dieser virtuellen Versionen rekonstruierte Shrekk das vermutet reale Geschehen im Schiffsführungsteam. In den restlichen 86 Fassungen simulierte er Entscheidungs- und Handlungsoptionen der Crew, die trotz aller Unterschiede eine Gemeinsamkeit aufweisen: Es sind mögliche Reaktionen des Kapitäns und seiner Offiziere auf meckernde Passagiere.

Das Ergebnis überrascht den Meckerkenner nicht: Aktive Meckerer an Bord der Titanic hätten *ursächlich* dazu beitragen können, die größte Katastrophe der zivilen Passagierschifffahrt aller Zeiten zu verhindern. Über diese historisch bedeutsame Erkenntnis hinaus konnte Schrekk zeigen, dass das Verhalten von Meckerern auch in gänzlich anderen zwischenmenschlichen und gesellschaftlichen Situationen Menschenleben retten kann.

Entscheidend für den Rettungserfolg der vom Meckerer vorgebrachten Bedenken beziehungsweise der von ihm geäußerten Kritik ist die Kombination von inhaltlich sinnvoll anmutenden Schlagworten (in diesem Fall von Begriffen wie »arktische Kälte«, »Schüttelfrost«, »Eisberge«, aber auch »Schönheit der Karibik«) mit der Eindrücklichkeit seines Auftretens (vom Stirnrunzeln über kritische Fragen bis zum Androhen von Schlägen, Randalieren *oder* Jammern und Schluchzen) in Abhängigkeit von der Häufung der Meckerinterventionen. Mit dem von Shrekk entwickelten Mecker-Penetranz-Index (Complaint-Intensity-Index) lässt sich leicht berechnen, wie viele Beschwerden von wie vielen Beschwerdeführern in welcher Intensität und Häufung zu welchen Erfolgsresultaten führen.

So belegt die Simulationsversion Nr. 17 des Experiments, dass bereits ein Anteil von 0,4 Prozent Intensivmeckerern an einer jeweiligen Gesamtpopulation (im Falle des Untergangs der Titanic waren dies fünf von 1 300 Passagieren) voll ausreicht, um das Schlimmste zu verhindern. Die fünf virtuellen Passagiere sprachen, die Grenzen der Höflichkeit gerade noch so weit wahrend, dass der Kapitän sie nicht in Gewahrsam nehmen lassen konnte, innerhalb von 72 Stunden und 43 Minuten insgesamt 115 Mal in lautem bis aggressivem Ton Kritik äußernd und Alternativvorschläge machend eines der Crewmitglieder im Offiziersrang an – bis der Steuermann schließlich am 14. April um 14:27 Uhr einen alternativen Kurs anlegte.

Des Weiteren konnte mit den Forschungsergebnissen bewiesen werden, dass auch eine extreme Häufung weniger intensiver und inhaltlich unbegründeter Meckereien auf die Dauer eine Rettung herbeiführen kann. In der Version 49 der von Shrekk durchgeführten virtuellen Simulationen betrat am 11. April 1912 ab 14:30 Uhr, also bereits eine Stunde nach dem Start zum Befahren der Nordatlantikroute, im Durchschnitt alle 3,54 Minuten ein besorgt dreinblickender oder kopfschüttelnder Passagier die Brücke. Der eine fragte zaghaft nach, ob denn das Schiff stark genug sei, eine Kollision mit einem Eisberg schadlos zu überstehen, der andere erwähnte eine Statistik, nach der die Mortalität von Kleinkindern aus südeuropäischen Ländern bei arktischen Temperaturen um das 17,5-fache höher liege als unter den im Mittelmeerraum herrschenden klimatischen Bedingungen. Ein dritter Passagier berichtete dem Kapitän unter vorgehaltener Hand, sein Schwager, der zufällig Direktor bei HAPAG Lloyd sei, habe ihm auf der Feier des 97. Geburtstags seiner Schwiegermutter erzählt, dass seine Reederei plane, künftig eine südlichere Route nach New York zu wählen, weil diese, warum auch immer, deutlich besser sei, was er als maritimer Laie und Schwager seines Schwagers aber nicht beurteilen könne. Und so weiter und so fort. Keiner dieser leicht besorgten und wohlmeinenden Jungfernreisenden hätte, wäre er als einziger auf der Brücke erschienen, den Kapitän auch nur zum Nachdenken über den eingeschlagenen Kurs gebracht, aber die Masse machte es – nicht umsonst spricht der Volksmund vom steten Tropfen, der den Stein höhlt!

Hinzu kommt, dass derart penetrante »Softmeckerer« in der experimentell-virtuellen Simulation nicht nur auf dem Führerstand des Schiffes ihre Bedenken und verklausulierten Verbesserungsvorschläge vortrugen, sondern auch an Deck, in den Restaurants und im Gymnastikraum des Ozeanriesen. Dies führte dazu, dass sich mit zunehmender Reisedauer eine bedrückte Stimmung unter den anderen Passagieren ausbreitete, die wiederum auf die Crew ausstrahlte und letztendlich dazu beitrug, dass der Kapitän vor Erreichen der Eisberg-Gefahrenzone entnervt das Ruder Richtung Süden herumriss.

Auf Sie und Ihr Unternehmen übertragen besagen diese Forschungsergebnisse,

- dass, sollten Sie weniger als 251 Mitarbeiter führen, bereits *ein* Intensivmeckerer ausreicht, um Sie vor einer Fehlentscheidung zu bewahren, mit der Sie sich und Ihr Unternehmen in Gefahr bringen könnten,
- mehrere weniger aggressive Meckerer ebenso hilfreich sein können
- und ein fälschlicherweise so bezeichnetes »schlechtes«, von Befürchtungen und Ängsten durchdrungenes Betriebsklima zum Sicherheitsfaktor schlechthin werden kann.

SO FÜHREN SIE MECKERER

TIPP 1

BEKRÄFTIGEN SIE IHRE
MECKERER NACH KRÄFTEN!

Jeder Mensch braucht Lob und Anerkennung. Diese auf den ersten Blick wie eine Binsenweisheit erscheinende Aussage ist vielmehr die Verbalisierung eines psychologischen Grundgesetzes, ja, eines Grundgesetzes des Lebens überhaupt. Auch eine Distel, mag sie noch so stachelig sein, wird vertrocknen und eingehen, wenn nicht ab und an ein wärmender Sonnenstrahl auf sie fällt. Ebenso geht es dem Meckerer! Seien Sie seine Sonne, lassen Sie den Sonnenstrahl Ihres Lobes auf ihn fallen, lassen Sie ihn, für alle Ihre Mitarbeiter sichtbar, im hellsten Licht Ihrer Anerkennung erstrahlen, und er wird aufblühen wie eine Sonnenblume im August und Ihnen mit immerwährender Kritik, mit erfrischenden Einwänden, mit seinem aufmunternden »Aber«, seinem anregenden »Das-geht-ja-gar-nicht« und frisch-fröhlichen »Besser-wäre-wenn« seine Dankbarkeit zeigen.

Teammeetings und Abteilungsbesprechungen bieten sich für überschwängliche Belobigungen einzelner Mitarbeiter besonders an, weil dort die intern größtmögliche Öffentlichkeit herrscht. Bedanken Sie sich deshalb noch während der Veranstaltung explizit bei jedem einzelnen Meckerer für seine nörgelnden Wortmeldungen und spenden Sie ihm demonstrativ langanhaltenden Applaus, dessen Wirkung Sie mit eingestreuten Begeisterungsrufen wie »Super!«, »Danke!«, »Weiter so!« noch erhöhen können! Auf diese Weise ermuntern Sie nicht nur Ihre Meckerer, sich weiterhin nach Kräften meckernd ins Zeug zu legen. Auch Ihre in Sachen Bedenken und Kritik weniger geübten und vielleicht zu ängstlichen Mitarbeiter fassen nach und nach Mut, sich ebenso konstruktiv an der Sitzung zu beteiligen. Wichtig ist, dass Sie Ruhe bewahren, sollten zuweilen wahre Shitstürme über die Besprechung hinwegbrausen und heftig am Ego einzelner Teilnehmer rütteln – auch an dem Ihrigen (!). Lassen Sie das zu! Ja, fördern Sie es, indem Sie selbst einen aus dem Kreis Ihrer Mitarbeiter kommenden Vorschlag als den allerletzten, bescheuerten Bullshit abtun. Das regt zum Nachdenken an und öffnet die Tür zu alternativen und womöglich besseren Ideen.

Sollte Ihr Hauptmeckerer einmal schwächeln, fordern Sie ihn direkt und sehr konkret auf, seine Meinung zu äußern. Ein »Herr X, was sagen Sie dazu?« ist in den Ohren eines ein wenig abgeschlafften Meckerers nicht nur die Aufforderung, Kritik zu äußern, sondern zugleich ein unausgesprochenes Lob: »Ohne Ihren Beitrag kommen wir nicht voran. Wir brauchen Sie!«

Möchten Sie die innovative Kraft Ihres Meckerers gar auf höherer Ebene zur Geltung zu bringen, empfehle ich Ihnen: Nehmen Sie ihn, in der Rolle Ihres Assistenten, zu Veranstaltungen auf größeren Bühnen mit – etwa wenn Sie eine Präsentation vor der Geschäftsleitung halten müssen. Das Zusammenspiel des von Ihnen Vorgetragenen mit den geistreichen Einwänden Ihres Meckerers wird der Veranstaltung einen nie dagewesenen Think-Tank-Charakter verleihen!

IHR ERFOLG

Das förderliche Meckern wird zum festen Bestandteil Ihrer Besprechungen. In allen Ihren Meetings können Sie davon ausgehen, dass jeder TOP der Agenda zu einer anregenden Diskussion führen wird, sei er noch so belanglos und eigentlich nur als »einfache Info« gedacht gewesen. Auf diese Weise bereiten Sie den Boden für eine Kultur der kontinuierlichen Verbesserung, an der, ganz im Sinne der kooperativen Führung, Ihre Mitarbeiter mitgestaltend teilhaben.

Das scheinbare Wagnis, Ihren größten Meckerer zu Ihrem Unterstützer zu machen, wenn es darum geht, sich der Direktion als Fortschrittsmotor des Unternehmens zu empfehlen, wird schneller als Sie denken zum Erfolgsgaranten für Sie werden. Nie mehr ohne meinen Meckerer! – das wird das Motto Ihres Aufstiegs sein!

TIPP 2 HABEN SIE KEINE GEHEIMNISSE VOR IHREN MECKERERN!

Die Führungsmaxime »Keine ungelegten Eier für die Mitarbeiter!« ist in der Regel durchaus beherzigenswert. Aber keine Regel ohne Ausnahme! In unserem Fall heißt die Ausnahme Meckerer. Der Begriff »ungelegte Eier« meint hier »ungare Informationen« – Nachrichten also, die Sie mit der Auflage, absolutes Stillschweigen gegenüber Ihren Mitarbeitern zu bewahren, von einem Ihrer Vorgesetzten empfangen haben oder die beispielsweise auf der Abteilungsleitersitzung diskutiert wurden, aber nicht im Sitzungsprotokoll auftauchen. Insbesondere wenn solche Nachrichten für Mitarbeiter ohne

Führungsverantwortung bedrohlich erscheinen, wie etwa ein möglicher, aber noch nicht beschlossener Stellenabbau, sollte, so die Regel, nicht unnötig Unruhe in der Belegschaft geschürt werden.

Dem stehen jedoch die Werte der Streitkultur entgegen (vgl. S. 149): Was auf dem Tisch ist, damit kann man auch umgehen! Wirklich gefährliche Unruhe entsteht durch Heimlichkeiten, durch nicht offen ausgesprochene Bedrohungen, denn auf irgendeine Weise, durch irgendwelche Kanäle, gelangen solche »ungelegten Eier« doch immer in die Kochtöpfe der Gerüchteküche. Dort köcheln sie vor sich hin, der Dampfdruck nimmt zu, der eine oder andere Topf kocht über, der eine oder andere Koch verbrennt sich die Finger an den immer heißer und immer härter werdenden Eiern, und irgendwann explodiert auch eines davon mit lautem Knall und trifft einen Unschuldigen. Wollen Sie sich daran mitschuldig machen? Nein? Dann sorgen Sie dafür, dass die Eier, wie roh und groß sie auch sein mögen, von allen Mitarbeitern gesehen werden. Denn was sichtbar ist, und sei es auch noch so riesig, verliert an Bedrohlichkeit! Wir pfeifen in der Dunkelheit eines unbekannten Waldes, um uns die Angst zu nehmen, auch wenn dort nur Rehe und Hasen leben. Haben wir es aber Aug' in Aug' mit einem hungrigen Löwen zu tun, sucht unser Hirn in rasend schnellem Tempo höchst effizient und effektiv nach rettenden Ideen. Meckerer machen Gefahren durch offenes Anprangern handhabbar. Ermöglichen Sie ihnen, ihr Können segenbringend anzuwenden!

Setzen Sie sich mutig über das Verschwiegenheitsgebot hinweg und informieren Sie Ihre Meckerer – beispielsweise – darüber, dass die Unternehmensleitung die Möglichkeit prüft, Stellen abzubauen. Vielleicht ziehen Sie noch einige Ihrer kommunikativsten Mitarbeiter hinzu (vgl. das Kapitel »Der

Schwätzer«, S. 9 ff.). In fruchtbringender Kooperation werden die Meckerer und die Schwätzer dafür sorgen, dass – von Ihrem Verantwortungsbereich ausgehend (!) – ein von emotionalem Schwung getragenes Brainstorming durch das Unternehmen fegt, das ungeahnte Alternativen zum Stellenabbau ins Spiel bringen wird.

IHR ERFOLG

Die Geschäftsleitung wird Sie, sobald Sie sich als Urheber dieser Denkoffensive geoutet haben, offiziell zum Leiter des Projektes Unternehmensrettung ernennen und Ihnen alle gewünschten Ressourcen für weitergehende Planungen zur Verfügung stellen, sodass Sie sich über Ihre Firma hinaus als Krisenmanager profilieren können.

TIPP 3

HALTEN SIE IHRE MECKERER MIT PROBLEMATISCHEN ANORDNUNGEN IN FORM!

Auch der gestandene Meckerer kann und will nicht immer und überall meckern. Zu Ihrem Nachteil! Denn ohne sein Aber erlischt das innovative Feuer nur allzu schnell. Deshalb sollten Sie in unregelmäßigen Abständen *bewusst* unpopuläre Entscheidungen treffen und Anweisungen erlassen, von denen Sie wissen, wie groß das ihnen innewohnende Widerspruchspotenzial ist.

Beobachten Sie Ihre Meckerer vor allem während der Team- oder Abteilungsmeetings genau. Ist einer von ihnen unaufmerksam? Führt er Nebengespräche, sodass er womöglich nicht mitbekommt, was Sie sagen? Und erreichen Sie auch mittels wiederholter Aufforderungen, er möge doch bitte seine Meinung sagen, nicht Ihr Ziel, ihn als Mahner und Ideenmotor zu aktivieren? Dann öffnen Sie Ihre Köderbox! Darunter verstehe ich eine vorbereitete, als Datei auf Ihrem Laptop gespeicherte oder als Merkzettel in der Jackettasche bereitgehaltene Sammlung von unpopulären, wenn möglich unsinnigen Anordnungen für Ihre Mitarbeiter. Zum Beispiel die Anweisung: »Um Raumpflegekosten zu sparen, wischen Sie ab sofort einmal pro Woche Ihre Büros selber feucht durch.« Kein Meckerer kann es sich leisten, darauf nicht zu reagieren. Er würde seinen Ruf gefährden und im Ansehen seiner Mitarbeiter so tief fallen wie nie zuvor. Wenn er anbeißt, halten Sie mit Ihrer verbalen Angel noch eine Zeitlang kräftig dagegen. Etwa: »Ich sehe, Herr X, dass Sie sich massiv für die Erhaltung der Arbeitsplätze unserer Raumpfleger einsetzen. Wie wäre es, wenn Sie freiwillig nach Feierabend durch die Räume gingen, um hier und dort einen Papierkorb umzuwerfen oder ein, zwei Liter Druckertoner auf dem Gang auszuleeren? Der so entstehende gesteigerte raumpflegerische Arbeitsaufwand würde den Einsatz professioneller Reinigungskräfte garantiert alternativlos machen.« Diese von Ihnen bewusst gewählte argumentative Kehrtwendung wird den Meckerer ebenso verwirren wie wachrütteln und ihn zwingen, wieder zu alter Form aufzulaufen.

IHR ERFOLG

Sie schaffen es, einem Fitnesstrainer gleich, Ihre Meckerer in Form zu halten und zu Höchstleistungen zu treiben. Damit gewährleisten Sie dauerhaft die innovative Kraft Ihres Teams. Nur zu: Machen Sie Ihren Meckerern Meckerbeine, und Ihre Abteilung bleibt der kreative Unruheherd Nummer eins im Unternehmen!

DER LAST=
MINUTE=MAN

BETRIEBLICHES VERHALTEN

Keiner ist so schnell wie er. Keiner arbeitet so konzentriert. Keiner nutzt die Zeit so effizient und effektiv wie er: der Last-Minute-Man. Ein Marathonläufer, der erst 200 Meter vorm Ziel zum Schlusssprint ansetzt, ist nichts gegen ihn. Denn der Last-Minute-Man ist ohne Übertreibung mit einem Athleten vergleichbar, der die Länge der Strecke dazu nutzt, seine Bankgeschäfte und Einkäufe zu erledigen und ganz nebenbei noch einen längst fälligen Zahnarztbesuch hinter sich zu bringen, bevor er auf den letzten Metern den Turbo zündet, um als Sieger ins Ziel zu gehen. Kurzum: Der Last-Minute-Man ist ein Meister des Zeitmanagements. Und das ganz ohne entsprechende Schulungen, Seminare und Trainings! Er ist schlichtweg ein Naturtalent. Leider gibt es zu viele Vorgesetzte, die mit ihrer Ungeduld und aus mangelndem Vertrauen in die Leistungsfähigkeit ihrer Last-Minute-Men deren geniale Form der Zeiteinteilung nicht zur Entfaltung kommen lassen. Das hindert diese Könner des weltmeisterlichen Endspurts nicht nur daran, ihre Stärken im Interesse des Unternehmens auszuspielen, es schmerzt sie auch und fügt ihnen im schlimmsten Fall irreversible seelische Verletzungen zu.

Besonders schlimme Blessuren bringen diese Führungskräfte ihren »Sprintern« bei, wenn sie diese gar pathologisieren, indem sie ihnen »Schieberitis« unterstellen und damit das gekonnte Anwenden einer genialen Methode, welche die schnellstmögliche Erledigung einer Aufgabe ermöglicht, als »krank« brandmarken und verteufeln. Natürlich »schiebt« ein Last-Minute-Man den Moment, an dem er sich die zu erledigende Aufgabe vornimmt, bis zum allerletzten Augenblick hinaus. Aber wieso soll das »krank« sein? Wollen wir ihm, einem Mitarbeiter, der, wenn er nur richtig geführt wird (!), entscheidend zum Unternehmenserfolg beiträgt, ernsthaft pathologisches Handeln unterstellen? Gewiss nicht! Denn was von außen betrachtet wie ein Versagen aussehen mag, ist in Wahrheit ein höchst professionelles Verhalten: Mit seinem durch und durch coolen Abwarten bereitet sich der Last-Minute-Man hoch konzentriert und zielgerichtet darauf vor, seinen Job in Bestzeit auszuführen. Gerade *weil* er Dinge – scheinbar – vor sich herschiebt, verschafft er sich diesen ungeheuren motivationalen Schwung, mit dem er sie schließlich angeht. Er »verdaddelt« sich nicht. Er verschwendet seine kostbare Arbeitszeit nicht, sondern komprimiert sie zu exorbitant effizienten Leistungseinheiten.

HETZERS BEWEIS

Wie erfolgreich manche Menschen darin sind, das »Aufschieben« als Voraussetzung für überdurchschnittliche Leistungen zu generieren, konnte der Wirtschaftspsychologe Harald Hetzer experimentell nachweisen (vgl. Hetzer 2013). Analog zu dem bekannten Beamtenspiel »Wer sich zuerst bewegt, hat verloren« gab Hetzer jedem seiner 180 Versuchspersonen drei Aufgaben mit der Order, sie erfolgreich zu lösen, aber so spät wie irgend möglich mit der Bearbeitung zu beginnen. Der durchschnittliche Zeitaufwand für die Erledigung jeder dieser Aufgaben betrug, wie der Wissenschaftler in einer Vorstudie mit anderen Probanden ermittelt hatte, ohne diese Instruktion 55,47 Minuten. Den Versuchspersonen des Kernexperiments stellte er dementsprechend eine Stunde als maximale Bearbeitungszeit zur Verfügung. Während dieser 60 Minuten durften sie den Experimentalraum, in dem sie allein anwesend waren, nicht verlassen. Was die Probanden nicht wussten: Durch eine Einwegscheibe wurden sie von Hetzers Mitarbeitern beobachtet, die *alle* in dieser Stunde von ihnen verrichteten Tätigkeiten protokollierten, um sie einer späteren Bewertung nach ihrer Sinnhaftigkeit, Effizienz und Effektivität zugänglich zu machen. Zudem lobte der Versuchsleiter für die beste im Experiment erzielte Aufschiebeleistung einen Preis aus: einen Besuch des Tempodroms im Erlebnispark Rändelpfurk im Bayerischen Wald.

Die Aufgaben entsprachen drei unterschiedlichen Leistungskategorien: Kategorie A = angenehme Aufgabe; Kategorie B = neutrale Aufgabe; Kategorie C = unangenehme Aufgabe. Die Aufgaben, welche allesamt am PC erledigt werden mussten, waren im Einzelnen:

- **A:** Wählen Sie aus den 200 vorgegebenen Personen die zehn aus, die Sie gern zu Ihrem Geburtstag einladen würden. Weitere Informationen als die in dieser Datei zusammengestellten (Porträtfoto im Linksprofil, Lebenslauf bis zur Vollendung des fünften Lebensjahres sowie das Lieblingsessen der potenziellen Gäste) stehen Ihnen dafür nicht zur Verfügung.
- **B:** Finden Sie in dem mittels des Computerspiels »Aliens' Cityguide« hergestellten Stadtplan mindestens drei Fahr-, Flug-, Geh- und Kriechwege, die von der markierten Koordinate A7 zur Koordinate Z74 führen.

- **C:** Schreiben Sie 150 Mal »Ich bin ein Idiot und schäme mich dafür, dass ich geboren wurde« und lesen Sie den Text dabei laut und verständlich vor.

Die Ergebnisse dieser Untersuchung belegen die überdurchschnittliche Leistungsfähigkeit der Last-Minute-Men:

- Die zehn Prozent der Versuchspersonen, die am spätesten mit den Aufgaben begannen, erledigten diese im Mittel 1,75 Mal schneller als alle anderen Probanden und 7,5 Mal schneller als diejenigen, die sofort nach dem Startschuss zu arbeiten anfingen.
- Diese Leistung ist deshalb so bemerkenswert, weil die meisten der 18 Last-Minute-Versuchspersonen sich bei den angenehmen Aufgaben atypisch verhielten, indem sie diese ohne jedwede Wartezeit in Angriff nahmen.
- Kompensiert wurde dieser Aufschiebeverlust durch ihr gegenteiliges Verhalten bei der Erledigung der Kategorie-C-Aufgabe: Den Beginn der unangenehmen Tätigkeit zögerten sie so extrem weit hinaus, dass einige der Verhaltensbeobachter – unbewusst stellvertretend für die Last-Minute-Spezialisten (!) – den 150 Mal von den Versuchspersonen zu schreibenden Satz minutenlang vor sich hin murmelten. Einer der Forschungsassistenten hielt seine Rolle des tatenlosen Zuschauers nicht mehr aus, als die von ihm beobachtete Versuchsperson sich auch nach 52 Minuten noch nicht der zu erledigenden Aufgabe angenommen hatte, und brüllte deshalb aus Leibeskräften »Ich bin ein Idiot!«, woraufhin der Mann hinter der Scheibe, bei dem es sich nicht zufällig um den späteren Gewinner des Experiments handelte, mit lauter, aber ruhiger Stimme »Ich nicht!« antwortete.

- Die Fehlerhäufigkeit schließlich war bei den Aufschiebern unsignifikant geringer als bei den »normal« arbeitenden Probanden.

Von besonderer Bedeutung für die Übertragung der Forschungsergebnisse in die betriebliche Praxis sind die Erkenntnisse, welche die Wissenschaftler aus den Beobachtungen der in den 60 Minuten zusätzlich gezeigten Aktivitäten der Versuchspersonen gewannen: Während die Nicht-Last-Minute-Probanden, die sich unverzüglich an die Erledigung der Aufgaben gemacht hatten und deshalb vor Ablauf der Stunde fertig wurden, in der verbleibenden Zeit lustlos vor sich hin starrten und zum Teil Bohrungen in unterschiedlichen Körperöffnungen vornahmen, gingen die Aufschieber in den 48 bis 54 Minuten, *bevor* sie sich der Aufgaben annahmen, – an arbeitspsychologischen Kriterien gemessen – durchweg sinnvollen Tätigkeiten nach: Sie telefonierten oder chatteten mit Freunden, um private Dinge zu erledigen, die ansonsten während der auf den Nachmittag verlegten Arbeitszeit hätten getan werden müssen. Oder sie meditierten mit geschlossenen Augen, praktizierten Yoga- und Thai-Chi-Übungen, um sich für spätere berufliche Herausforderungen fit zu machen.

Auf der Grundlage dieser Forschungsergebnisse entwickelten B. Quicker, G. Fast und S. Hurtyk, allesamt Mitarbeiter von Harald Hetzer, zusammen mit diesem den Last-Minute-Man-Identification-Test (vgl. Quicker et al. 2014). Die Getesteten müssen, um wissenschaftlich als Last-Minute-Man anerkannt zu werden, mindestens 95 von 100 möglichen Punkten auf der Erledigungsstart-Verzögerungs-Skala (EVS-Skala) erreichen. Die gestellten Aufgaben ähneln denen des geschilderten Hetzer-Experiments, sind aber in insgesamt 45 Minuten abzuarbeiten.

ROHRPOSTGESCHOSS UND
TEMPOMULTIPLIKATOR

Wie hervorragend sich psychologische Forschungsergebnisse
mit dem Ziel der Leistungssteigerung von Mitarbeitern auf den
Arbeitsalltag übertragen lassen, hat der amerikanische Com-
puterriese Lemon Incident Corp. in einer ebenso kreativen wie
mutigen Einrichtung für seine Top-Last-Minute-Mitarbeiter
bewiesen. Ausgehend von der These, dass die Vorbildwirkung
der powervollen Lebens- und Arbeitsgrundhaltung eines Last-
Minute-Man seine Kollegen mitreißen und auf sie abfärben
wird (vgl. hierzu auch Hurtyk 2015), sponserte das Unternehmen den Bau einer zu seinem Hauptwerk führenden öffentlichen Straße. Im Gegenzug erlaubte die Regionalregierung der
Firma, eine Last-Minute-Spur in der Mitte des Straßentraktes
einzurichten. Diese Spur darf nur von Mitarbeitern befahren
werden, die mit dem Last-Minute-Man-Identification-Test erfolgreich geprüft wurden und punktgenau mit Ablauf der
Gleitzeit im Unternehmen eintreffen. Auf dem Werksgelände
mündet der Last-Minute-Streifen in eine Rohrpoströhre von
60 cm Durchmesser, durch die der ankommende Last-Minute-
Man an seinen Arbeitsplatz katapultiert wird.

Die Werkspsychologen von Lemon Incident Corp. konnten
nachweisen, dass der auf diese Weise auch körperlich erlebte
und im Schnitt 4,35 Stunden anhaltende »Last-Minute-Kick«
die Last-Minute-Men noch last-minütiger arbeiten lässt, als sie
es ohne den Einsatz der Last-Minute-Rohrpost-Anlage ohnehin schon tun: Der Anstieg ihrer Leistungskapazität zuguns-
ten des Unternehmenserfolgs betrug im Mittel 8,63 Prozent!
Zudem musste die Lemon Incident Corp. die aufgewendeten
Kosten nicht einmal auf der Ausgabenseite gegenrechnen,

da sich diese in weniger als sieben Monaten amortisierten – und zwar unabhängig von den ertragsrelevanten Ergebnissen dank der gesteigerten Arbeitsleistung der Last-Minute-Men! Wie das möglich war? Genial einfach: In der Kernarbeitszeit konnte die Röhre von unternehmensfremden Personen gegen ein Entgelt von 17,99 (ermäßigt 9,99) US-Dollar als Abenteuer-Rutsche genutzt werden. Ein eigens dafür eingerichtetes Teilstück der Röhre katapultierte die begeisterten User in ein mit Schaumstoff-Donuts gefülltes Auffangbecken, und am Ausgang gab's für jeden Rutscher einen echten Donut gratis mit auf den Heimweg!

Neben der erstaunlichen Vorbildwirkung ist es der Unterstützungssog, den ein Last-Minute-Man erzeugt und der andere Mitarbeiter zu ungeahnten Arbeitsgeschwindigkeiten anregt und damit zu ungewöhnlicher Effizienz beflügelt. Insbesondere Menschen mit einem stark ausgeprägten Helfersyndrom neigen dazu, hinter dem Aufschiebeverhalten des Last-Minute-Man fälschlicherweise Unsicherheit oder Überlastung zu vermuten. Infolgedessen deuten sie das nicht selten schwindelerregende Arbeitstempo ihres Last-Minute-Kollegen als Folge einer Notlage, in der sie dem vermeintlich unter Druck Stehenden helfend beispringen müssen. Und da die Zeit tatsächlich drängt, legen auch sie bei ihrer Unterstützung ein mörderisches Tempo vor. Dabei wachsen die Helfer nicht selten derart über sich hinaus, dass sie, staunend neben sich stehend, feststellen müssen: »Ich kann ja viel schneller arbeiten als ich dachte!« – und von so viel Selbstbegeisterung angeregt und angefeuert, beginnen sie, auch in Zukunft und ohne in den Endspurt eines Last-Minute-Man eingebunden zu sein, zügiger zu arbeiten. Der Gewinn fürs Unternehmen kann gar nicht hoch genug eingeschätzt werden!

SO FÜHREN SIE LAST=MINUTE=MEN

SCHÜTTEN SIE IHRE LAST=MINUTE= MITARBEITER MIT AUFGABEN ZU!

Gute Last-Minute-Men stellen das altbekannte Pareto-Prinzip (vgl. Koch 2008) mühelos in den Schatten, da sie deutlich weniger als 20 Prozent Arbeitsaufwand für eine Aufgabe benötigen, um dennoch summa summarum mehr als die von Vilfredo Pareto postulierten 80 Prozent ihrer Tätigkeiten zu erledigen. Was aber tun sie mit der gewonnenen Zeit? Laut Hetzer (2013) füllt ein Last-Minute-Man die Minuten und Stunden, die ihm *vor* dem Beginn der Aufgabenerledigung bleiben, mit – arbeitsmethodisch gesehen – sinnvollem Tun (s. S. 166). Er ist dabei aber auf *seine* Einschätzung, was denn, betrieblich gesehen, wichtig und dringlich sei, angewiesen. Nun ist bekanntermaßen der Blickwinkel einer Fachkraft enger als der einer Führungskraft. Der Mitarbeiter ohne Führungsverantwortung sieht primär seinen eigenen Tätigkeitsbereich. Sie, als Führungspersönlichkeit, haben aber die *Gesamtheit* der anstehenden Tätigkeiten aller Ihrer Mitarbeiter im Blick. Dadurch können Sie die Priorität dieser Aufgaben in Bezug auf die Gesamtleistungsfähigkeit Ihrer Abteilung oder Ihres Teams tausendmal besser beurteilen – von der Einschätzung der Relevanz der zu leistenden Arbeiten für den Unternehmenserfolg ganz zu schweigen.

Dieser Überblick ermöglicht es Ihnen, das Ensemble der in Ihrem Verantwortungsbereich zu leistenden Tätigkeiten den jeweils gegebenen Anforderungen entsprechend zu dirigieren. Folglich müssen Sie Ihre Mitarbeiter – und damit auch Ihre Last-Minute-Men – anweisen, was sie zu tun haben. Dies mag Ihnen banal erscheinen, und vermutlich sind Sie überzeugt davon, in diesem Sinne zu handeln. Aber sind Sie sich sicher, dass Sie das enorme Überschusspotenzial Ihrer Last-Minute-Arbeiter auch realistisch genug einschätzen? Sofern Sie nicht selbst zu dieser Spurter-Spezies gehören, besteht die Gefahr, dass Sie von sich ausgehen. Sie mögen ja noch so fleißig und schnell arbeiten – die wirkliche Endspurtleistung eines Last-Minute-Man, der, wenn es drauf ankommt, die letzten Meter vorm Ziel locker in zehn aufeinanderfolgenden kaffeegedopten Nachtschichten absolviert, sprengt in der Regel die Vorstellungskraft von uns »Normalos«. Und weil Sie Ihre Last-Minute-Mitarbeiter nie »gammeln« sehen, schließen Sie daraus womöglich, dass sie bei der richtigen Sache am Ball sind.

Verlassen Sie sich nicht darauf! Unterschätzen Sie nicht die gewaltige brach liegende Zeit, in der der arme Last-Minute-Man gezwungen ist, sich mit möglicherweise »tertiärprimären« Tätigkeiten über Wasser zu halten. Helfen Sie ihm, das Richtige zu tun! Füttern Sie ihn mit – von Ihnen (!) – ausgewähltem »Spezial-Arbeitsfutter«! Geben Sie ihm wirklich wichtige Zusatzjobs! Diese Tätigkeiten können ruhig den Rahmen dessen sprengen, mit dem der Last-Minute-Man gewöhnlich beschäftigt ist. Erweitern Sie seine Stellenbeschreibung by doing ebenso massiv wie kreativ! Nach oben sind dabei keine Grenzen gesetzt. Niemandem können Sie so viele, so umfangreiche und so wichtige Aufgaben delegieren wie Ihrem besten Last-Minute-Man. Er wird jammern, aufjaulen, sich beschweren, dass das doch alles zu viel sei. Dass er das unmöglich schaffen könne. Dass er dabei kaputtgehe. Dass sein Burnout nur noch eine Frage der Zeit sei. Lassen Sie sich davon auf gar keinen Fall beeinflussen! Der Last-Minute-Man klagt einzig und allein, um zu unterstreichen, wie gut er ist. Je häufiger und intensiver er Sie und seine Kollegen darauf hinweist, dass er ja sooooo viel zu tun habe und dass er das ja üüüüüüberhaupt nicht schaffen könne, desto größer ist seine Befriedigung – und Ihre Zufriedenheit (!) –, wenn es ihm mit seiner Endspurtmethode schließlich doch gelingt, die gesteckten Ziele zu erreichen. Im Grunde weiß er, dass er es schaffen wird. Und ich wünsche Ihnen, dass Sie es in Zukunft auch wissen.

Die Faustregel, die Ihnen helfen kann, den Druck auf Ihre Last-Minute-Arbeiter so zu erhöhen, dass sie ihre Arbeitsleistung permanent steigern, lautet schlicht: Je auswegloser der Belastungszustand eines Last-Minute-Man Ihnen erscheint, desto erfolgreicher wird er arbeiten. Je mehr Sie ihn mit kleinen, aber wichtigen zusätzlichen Aufgaben »zuschütten«, desto weiter wird er die großen und ganz wichtigen Arbeiten nach hinten schieben. Und weil er deshalb für diese noch weniger Zeit haben wird als infolge seiner gewohnten Schieberei, wird er in seinem Endspurt über sich hinauswachsen, die wichtigsten Jobs in Rekordzeit fertigstellen und Ihnen im allerletzten Moment seine fertigen Arbeitsergebnisse präsentieren! Loben Sie ihn dafür! Zeigen Sie ihm, dass Sie stolz auf ihn sind! Und motivieren Sie ihn mit dem Satz: »Nächstes Mal legen wir noch eine Schippe drauf – und dann feiern wir, wenn Sie Ihre Schallmauer durchbrochen haben!«

Um das Extrem-Belastungs-Szenario auf optimale Weise herstellen zu können, bedarf es einer gehörigen Portion von Einfühlungsvermögen und taktischem Geschick seitens der Führungskraft. Sie müssen sich zuvörderst in Ihren »Sprinter« hineindenken: Was geht in ihm vor, wenn er weiß, dass er, nach »normalen« Maßstäben gerechnet, den zu erledigenden Job gar nicht mehr schaffen kann? Wie fühlt er sich, wenn er die Situation dennoch weiter verschärft, indem er den Arbeitsbeginn noch weiter hinausschiebt? Haben Sie schon einmal gepokert?

Nicht unbedingt im Spielkasino, sondern vielleicht »nur« mit Freunden um ein paar Cent. Hohe Einsätze lassen die Emotionen zwar deutlicher hervortreten und machen sie intensiver, aber das Wesen der Gedanken und Gefühle, die der Pokerer erlebt, sind im Grunde die gleichen: Er genießt die Spannung. Und er genießt sie besonders, wenn er ein Blatt auf der Hand hat, mit dem er »eigentlich« gar nicht gewinnen kann. Wenn er blufft und darauf spekuliert, dass sein Gegenüber die Karten hinschmeißt. Kurzum: Der starke Pokerer begibt sich, begleitet von einem exorbitanten Lustgewinn, in eine ausweglose Situation, um als Sieger aus ihr hervorzugehen.

Im Betrieb stehen keine Spieltische, dort wird nicht mit Ass und Bube, sondern mit vom Chef zu vergebenden und vom Mitarbeiter zu erledigenden Aufgaben gepokert! Damit Ihre Last-Minute-Men möglichst dauerhaft auf hohem Lustniveau pokern können, dürfen Sie ihnen auch nicht eine Minute Ruhe gönnen. Liegen Sie auf der Lauer! Stürmen Sie unerwartet und blitzschnell ins Büro Ihres Schieber-und-Sprinter-Helden! Fragen Sie ihn forsch und direkt: »Was machen Sie gerade?«, und ganz gleich, was er Ihnen antwortet, übergeben Sie ihm einen anderen, aus *Ihrer* Sicht wichtigeren Job. Dabei sprechen Sie ruhig das Zauberwort aller Aufschieber aus: »Was Sie jetzt gerade machen, dazu ist auch später noch Zeit.« Der Last-Minute-Man wird sich sofort verstanden und bestätigt fühlen. Des Weiteren setzen Sie ihm einen aus Ihrer Sicht viel zu engen Termin – das erhöht den Druck und beflügelt Ihren Schlussspurt-Mitarbeiter zusätzlich zu hohem Tempo. Empfehlenswert ist auch, ihm mehrere knapp kalkulierte Aufträge zu erteilen, die alle bis zum selben Datum erledigt sein müssen. Das Gefühl, dass deshalb eine termingerechte Erledigung aller dieser Aufgaben von vornherein unmöglich sei, ist eine wichtige Unterstützung für den Last-Minute-Man, sich den motivational so wichtigen Kick zu geben.

Wenn Sie all dies beherzigt haben, kümmern Sie sich um sich! Denn ich garantiere Ihnen: Sofern Sie nicht cooler als cool sind, werden Sie irgendwann ungeduldig und nervös werden, wenn Sie feststellen, dass Ihr Last-Minute-Man die Aufgabe × immer noch nicht angefasst hat, deren Erledigung doch für *Sie* so immens wichtig ist – Sie brauchen die an ihn delegierte Aufstellung doch schon morgen für Ihre Präsentation vor der Geschäftsleitung! Bleiben Sie ruhig! Keep cool! Und machen Sie auf gar keinen Fall den Fehler, Ihren Last-Minute-Mitarbeiter zu fragen, ob er denn gut mit der Erledigung des Jobs vorankomme. Oder schlimmer noch, ob er es denn bis zum vorgegebenen Termin schaffe. Er wird solche Äußerungen als Misstrauensbekundungen deuten und schlimmstenfalls in eine reaktive Depression fallen, die es ihm dann wirklich nicht mehr ermöglichen würde, den Termin zu halten. Geben Sie ihm lieber ein, zwei weitere Aufträge! Das erhöht seine Spannung noch mehr, und er wird den Schlussspurt garantiert in Bestzeit hinlegen!

IHR ERFOLG

Zum einen trainieren Sie Ihren Last-Minute-Man konsequent und befähigen ihn damit, unerledigte Arbeiten noch länger vor sich herzuschieben, um sie schließlich noch effizienter als gewohnt zu erledigen. Aus dem Profisport wissen wir, dass erfolgreiche Athleten ihren sie »quälenden« Coaches ein Leben lang dankbar sind, weil sie wissen, dass der Trainer entscheidenden Anteil an ihren Erfolgen hatte. Ist es nicht auch für Sie ein erfüllender Gedanke, sich auf diese Weise die Wertschätzung und Hochachtung eines Mitarbeiters bis ins hohe Alter zu erarbeiten?

Nicht zu unterschätzen ist zudem das Ausmaß an Entlastung, das Sie sich zukommen lassen, wenn Sie einige Ihrer wichtigsten und aufwendigsten Tätigkeiten an Ihren Last-Minute-Man delegieren. Befreit vom Ballast konzeptioneller Arbeiten, um nur einen Ihrer Tätigkeitsbereiche zu nennen, können Sie sich endlich frei von Zeitdruck Ihrer wichtigsten Chefaufgabe, der Menschenführung, zuwenden: Sie laden Ihre Mitarbeiter zum Kaffee ein, um in entspannter Atmosphäre deren Probleme kennenzulernen und kooperativ Abhilfen zu ersinnen, während Sie die fachlichen Führungstätigkeiten in den gewissenhaften Händen Ihres Last-Minute-Man wissen. So gelingt beides: Sie halten den für die Führungsarbeit so immens wichtigen Kontakt zu Ihren Leuten und die »eigentliche« Arbeit tut sich wie von selbst!

TIPP 2 — GEBEN SIE IHREM LAST-MINUTE-MAN MÖGLICHST UNANGENEHME AUFGABEN!

Ich denke, Sie haben die Kerngedanken des optimalen Führens unserer Endspurtfreaks verstanden: Je länger ein Last-Minute-Mitarbeiter die Erledigung einer Tätigkeit aufschiebt, desto mehr Zeit hat er für die Bearbeitung der Zusatzaufgaben, mit denen Sie ihn reichlich versorgen. Und je größer seine Bedrängnis, desto besser seine Leistung!

Bevor Sie nun loslegen, um mit meinen bisherigen Empfehlungen von Erfolg zu Erfolg zu eilen, noch ein ergänzender

Tipp: Nicht allein die Menge der einem Last-Minute-Man übertragenen Aufgaben ist für die Steigerung seiner Leistungsfähigkeit ausschlaggebend, sondern auch ihre Qualität. Kurzum,
die Erweiterung der genannten Führungskerngedanken lautet:
Je unangenehmer die Tätigkeiten für einen Last-Minute-Man
sind, desto später und, infolgedessen, desto schneller wird
er sie erledigen (s. S. 164 f.: die Erledigung der sogenannten C-
Aufgaben in der Untersuchung von Hetzer 2013). Das heißt für
Sie: Beschäftigen Sie Ihre Aufschiebe-Endspurt-Mitarbeiter
vorrangig mit Arbeiten, die Ihre anderen Mitarbeiter – und Sie
selbst (!) – extrem ungern ausführen!

Auch in diesem Punkt ist es wichtig, die Beliebtheit von
Tätigkeiten nicht allein aus Ihrer Perspektive zu beurteilen.
Bemühen Sie sich um ein für den jeweiligen Last-Minute-Man
individuell maßgeschneidertes Aufgabenportfolio. In einer
ersten Annäherung ist es dennoch sinnvoll, sich selbst zu fragen: Würde mir die Erledigung eines solchen Jobs Freude bereiten? Ist Ihre Antwort ein klares, eindeutiges »Nein, überhaupt
nicht!«, verspüren Sie bei dem Gedanken an diese Tätigkeit
einen Würgereiz und werden Sie von den wildesten Fluchtfan-
tasien – etwa von Bildern einer mehrwöchigen Krankschrei-
bung – heimgesucht, ist dies ein Hinweis darauf, dass es sich
hier um einen unangenehmen Auftrag handeln könnte.

In einer zweiten Evaluationsstufe verschaffen Sie sich zu-
sätzlich Erkenntnisse aus den Reaktionen Ihrer Mitarbeiter.
Finden Sie zwei weitere Aufgaben, die jedoch nach Hetzer in die
Kategorien A (angenehme Aufgabe) und B (neutrale Aufgabe)
gehören (s. S. 164 f.). Nun schreiben Sie alle drei Aufgaben per
Schwarzem Brett oder per E-Mail als *freiwillig* zu erledigende
Zusatzaufgaben aus und geben Ihren Mitarbeitern eine Woche
Zeit, um sich als Interessenten einzutragen. Aufgaben, für die

sich nach sieben Tagen noch niemand gemeldet hat, gehören in die Kategorie C und kommen deshalb als Zusatzjobs für Ihre Last-Minute-Mitarbeiter infrage. Allerdings sollten Sie darauf achten, ob und als wievielter sich ein Last-Minute-Man für den jeweiligen Job meldet. Der als Aufschieber und Sprinter weniger Qualifizierte – sozusagen der Mini-Last-Minute-Man – ist in seiner Selbstbelastungsmethode noch nicht so weit fortgeschritten wie sein Super-Last-Minute-Kollege. Letzterer weiß – wenn auch unbewusst (!) –, dass er möglichst unangenehme Tätigkeiten übernehmen muss, um sich selbst in das Erleben eines Mega-Endspurts mit dem anschließenden orgiastischen Erfolgsgefühl des »Gerade-noch-geschafft« zu katapultieren. Folglich wird ein Last-Minute-Mitarbeiter, der, um ein Bild aus dem Sport zu gebrauchen, in der Kreisklasse spielt, sich wie die meisten seiner Kollegen erst spät oder gar nicht auf die Liste der an einer C-Aufgabe Interessierten setzen. Der »Last-Minute-Bundesligaspieler« hingegen spürt sofort, dass ihm der ausgelobte »furchtbare« Job in seine Profikarten spielt. In der Hoffnung, der Erste zu sein, wird er klopfenden Herzens mit erwartungsfeuchten Händen ruckzuck seinen Namen eintragen und diesen am liebsten noch mit drei Ausrufezeichen versehen. Der Nervenkitzel packt ihn. Er wittert die Chance, mit der Bearbeitung dieser megaunangenehmen Aufgabe so spät beginnen zu können wie nie zuvor, um Ihnen nach geschlagener Schlacht mit seinem strahlendsten Lächeln das Ergebnis zu präsentieren »Bitte, Chef! Das haben Sie wohl nicht gedacht, dass ich das noch hinkrieg'!«

Was bedeutet diese Unterscheidung von Kreisklassen- und Bundesliga-Last-Minute-Man nun für Ihre Praxis der Aufgabenvergabe? Zuallererst ist sie ein deutlicher Hinweis darauf, wie wichtig es ist, dass Sie »Ihre Pappenheimer« kennen. Gelebte Menschenführung, das heißt häufiger, intensiver, naher Kontakt zu Ihren Mitarbeitern, ist die Grundvoraussetzung dafür, diese in Klassen einteilen zu können und entsprechend zu behandeln. Bloß keine Gleichbehandlung! Was für den Endspurtler ein Auftragsleckerbissen ist, ist für seinen gleichmäßig dosiert arbeitenden Kollegen ungenießbar. Was Sie dem Kreisklassen-Aufschieber noch in schöner Verpackung verkaufen müssen, um ihn in den Genuss seiner speziellen Arbeitsmethodik zu bringen, können Sie dem Bundesligisten getrost und unverblümt als »die letzte Scheißaufgabe« vorlegen. Er wird nur scheinbar erschrecken, nur gespielt protestieren, denn das gehört zum Spiel zwischen zwei Profis: dem Profi-Last-Minute-Man und der Profi-Führungskraft.

IHR ERFOLG

Wenn Sie diese gezielte Ungleichbehandlung Ihrer Mitarbeiter nur konsequent und nachhaltig genug betreiben, werden Ihre Last-Minute-Men nach und nach lernen, was aus *Ihrer* Sicht – und das heißt aus Sicht des Unternehmens (!) – die wichtigen Aufgaben sind. So werden Sie mit der Zeit gar keine Zusatzaufgaben mehr verteilen müssen, denn die Last-Minute-Mitarbeiter werden sich für die durch ihr Aufschieben gewonnene Zeit eigenständig die richtigen Tätigkeiten suchen. Von der Pflicht der Arbeitsvergabe befreit, gewinnen Sie noch mehr Zeit für das Kerngeschäft der Mitarbeiterführung: Kaffeetrinken, Schwätzchen halten, auf den Schoß nehmen (s. das Kapitel »Der-auf-den-Schoß-will«, S. 81ff.).

Des Weiteren schaffen Sie es, Ihre Kreisklassen-Endspurtler sukzessive in immer höhere Ligen des Last-Minute-Arbeitens

zu hieven, bis Sie letztlich nur noch Last-Minute-Bundesligis-
ten in Ihrem Team haben, was Ihre Abteilung unschlagbar machen wird!

TIPP 3 — SETZEN SIE IHREN BESTEN LAST=MINUTE=MAN ALS HEIMLICHEN ANTI=BURNOUT=COACH EIN!

Burnout-gefährdete Mitarbeiter sind Leistungsträger – wie die
Last-Minute-Men auch. Sie unterscheiden sich von diesen jedoch in einem wesentlichen Punkt: Während die Endspurtspe-
zialisten die Menge des eigentlich nicht zu Schaffenden als be-
flügelndes, Arbeitszufriedenheit auslösendes Elixier begreifen
und erleben, können ihre Burnout-gefährdeten Kollegen ihrer
Arbeitsüberlastung nichts Positives abgewinnen. Sie erleben
sie im Gegenteil als bedrohlich, nehmen Unerledigtes, das
beim Last-Minute-Man noch lange friedlich in der Schublade
schlummern würde, gedanklich oder, schlimmer noch, in Ak-
ten- oder Dateiform mit nach Hause, können ob der Last des
Unfertigen nicht einschlafen, schrecken schweißgebadet aus
Alpträumen auf und fahren morgens mit den bösesten Erwartungen in die Firma. Ganz anders der Last-Minute-Mitarbeiter:
Er weiß, dass er es schaffen wird. Er genießt den motivierenden
Druck vorm Endspurt und lacht der Versagensangst ins Gesicht. Was böte sich deshalb mehr an, als den Last-Minute-Man
zum Trainer, Coach und Berater seiner Burnout-gefährdeten
Kollegen zu machen?

Ganz konkret kann der ängstlich Überforderte vom coolen
Aufschiebeprofi lernen,

- sich auch dann, wenn die Zeit knapp und knapper wird, nicht aus der Ruhe bringen zu lassen
- zusätzlich ihm aufgetragene Aufgaben als gelungene Ablenkung zu begreifen
- sich allem Druck zum Trotz auch mal zurückzulehnen und nichts zu tun

Während die ersten beiden Punkte aufgrund der Vorbildwirkung des Last-Minute-Kollegen auf Anhieb einleuchten, scheint dem letzten ein Denkfehler zugrunde zu liegen. Denn der Aufschiebe-Endspurtler lehnt sich ja, wie beschrieben, keineswegs zurück, sondern erledigt in der gewonnenen Zeit die ihm zusätzlich übertragenen Arbeiten – *von Ihnen* übertragenen Arbeiten! Das *von Ihnen* macht den Unterschied, haben Sie ihm doch Aufgaben gegeben, die *Sie* in der jeweiligen betrieblichen Situation als wichtig und dringlich eingestuft haben. Erinnern Sie sich an das oben beschriebene Last-Minute-Experiment des Arbeitspsychologen Harald Hetzer? Aus den Beobachtungsdaten des Wissenschaftlers geht eindeutig hervor, dass Last-Minute-Men, die von ihren Vorgesetzten nicht anderweitig angewiesen werden, *von sich aus* ganz spezielle arbeitsfördernde Aktivitäten ausführen: Sie sammeln ihre Kräfte für künftige Aufgaben, oder anders ausgedrückt: Sie halten sich fit für den Job, indem sie sich erholen. Verantwortungsvoll wie sie sind, meditieren sie oder machen Yoga- und Thai-Chi-Übungen (s. S. 166) – und das alles im Interesse der Firma und folglich auch in dem Ihrigen! Also: Machen Sie Ihre Last-Minute-Men getrost zu »Gammellehrern« Ihrer Burnout-gefährdeten Mitarbeiter!

Stellen Sie jedem Burnout-gefährdeten Mitarbeiter einen Last-Minuten-Kollegen zur Seite! Setzen Sie die beiden zusammen in ein Büro oder stellen Sie sie an dieselbe Maschine! Und dann geben Sie nur dem Burnoutgefährdeten Zusatzaufgaben! Was wird geschehen? Dem Burnout-gefährdeten Mitarbeiter bricht der Angstschweiß aus. Er fängt innerlich an zu rotieren. Und sobald Sie den Raum verlassen haben, schaut er verzweifelt zu seinem Kollegen hinüber, der unverzüglich wieder in seinen bei Ihrem Eintreten unterbrochenen Yoga-Kopfstand zurückgekehrt ist. Fassungslos starrt er ihn an, und kopfschüttelnd fragt er ihn: »Wie machst du das? Du hast doch auch noch jede Menge zu tun. Wo nimmst du diese Ruhe her? Und diese Chuzpe!« Der Last-Minute-Man wird seinem hilflos überforderten Kollegen kopfüber lächelnd antworten: »Wenn du in Eile bist, stehe Kopf!«

Diese für den Burnoutgefährdeten durch und durch paradox erscheinende und deshalb im ersten Moment vollkommen unverständliche Antwort wird, da können Sie sicher sein, ihre heilende Wirkung tun! Wenn die erste Überraschung verflogen ist, wird der überforderte Kollege zu denken beginnen. Er wird versuchen, das Geheimnis zu lüften. Ist er eher ein kommunikativer Mensch, wird er nachfragen und keine Ruhe lassen, bis sein Kollege ihm in einer grandiosen Last-Minute-Unterrichtseinheit Nachhilfe im coolen Aufschieben erteilt haben wird. Ist er eher introvertiert und schweigsam, wird allein schon das wahrgenommene Verhalten seines Kollegen, die selbstsichere Ruhe, die dieser ausstrahlt, ihre Vorbildwirkung tun.

IHR ERFOLG

Wenn Sie nun bedenken, dass diese Führungsintervention beileibe nicht die einzige dieser Art bleibt, die Sie Ihrem Burnout-gefährdeten Mitarbeiter zukommen lassen, werden Sie verstehen, dass Sie und Ihr den Überforderten ohne sein Wissen coachender Last-Minute-Man in einer gemeinsamen Taskforce-Aktion etwas schaffen können, was manchem Sozialarbeiter oder Psychologen nicht gelingt: Der Mitarbeiter, der unter der Last seiner nicht erledigten Aufgaben zusammenzubrechen drohte, wird nach und nach die entspannte Verhaltensweise seines Kollegen übernehmen. Er wird sich von Arbeiten, die ihm bis dato »im Nacken« saßen, nicht mehr aus der Ruhe bringen lassen. Die Schublade, in der er das Unerledigte verschwinden lässt, wird zu seinem besten Freund. Er lernt es, aufzuschieben und seine Jobs cool zu Ende zu bringen. Und wenn Sie eines Tages leise, ganz leise die Tür zum Büro der Beiden öffnen und vorsichtig um die Ecke lugen, werden Sie mit ein bisschen Glück den alten und den neuen Last-Minute-Man Seite an Seite mit verzücktem Kopfüberlächeln ihre Yoga-Übung machen sehen. Was kann sich eine Führungskraft Schöneres wünschen!

IHR FÜHRUNGS=OPTIMIERUNGS=TAGEBUCH

Da Sie, verehrter Leser, gewiss mehrere Vertreter der in diesem Buch beschriebenen Mitarbeitertypen in Ihrem Team oder in Ihrer Abteilung haben und nun darauf brennen, die Tipps, die ich Ihnen gegeben habe, in die Tat umzusetzen, möchte ich Ihnen ein Werkzeug an die Hand geben, das Ihnen die Erledigung dieser Aufgabe erleichtern wird: das von mir entwickelte, hundertfach erprobte strukturierte Führungsoptimierungs-Tagebuch.

- Legen Sie für jeden Mitarbeiter, den Sie entwickeln wollen, eine entsprechende Excel-Datei an!
- Machen Sie nach jeder Führungshandlung eine Eintragung und notieren Sie Ihren aktuellen Erfolg!
- Ziehen Sie jedes Wochenende eine Zwischenbilanz: Welche Tipps habe ich bislang auf welche Weise mit welchen Ergebnissen umgesetzt? Und schätzen Sie die Erfolgstendenz der Gesamt-Entwicklungsmaßnahme ein!
- Planen Sie aufgrund der so gewonnenen Zwischenergebnisse vierzehntägig das weitere Vorgehen!
- Veröffentlichen Sie Ihre Eintragungen im Intranet, um den von Ihnen gecoachten Mitarbeitern fortlaufend Feedback zu geben und andere Führungskräfte zur Nachahmung anzuregen!

Wenn Sie diese Anwendungsregeln gewissenhaft befolgen, werden Sie ohne Weiteres gleichzeitig drei bis fünf Ihrer rohdiamantenen Mitarbeiter entwickeln können, um so Ihren größten Schwätzer noch schwatzhafter, den chaotischsten Chaoten noch chaotischer und den faulsten Faulen noch fauler zu machen. Viel Erfolg dabei! Ihre Geschäftsleitung wird es Ihnen danken.

Name des Mitarbeiters:

Mitarbeitertyp:

Datum u. Uhrzeit	Situation	Führungs-handlung	aktueller Erfolg	Erfolgstendenz	Gesamterfolg

LITERATUR

Airfield, Ben F. (2010): *Unexpected creativity of perfectionists*. North American Psychological Experiments, 12, S. 24-78.

Amann, Ella Gabriele (2015): *Resilienz*. Verlag Haufe-Lexware, Freiburg.

Bluff, Carol (2014): *Mental Consequences of Enforced Rubbish-Fabrication*. Journal of Industrial Work, 4, S. 123-204.

Bluff, Carol (2015): *The Truth*. Journal of Industrial Work, 2, S. 33-79.

Cloguard, Humphrey (2014): *Der Besserwisser als sozialer Produktivfaktor*. In: Cloguard, Humphrey/Spoiler, Ben: Multikommunikation. Verlag Politisches Leben, Erfurt.

Deadfreak, John (1915): *Very Aged at Work*. Last Press, Bravetown.

Drömer, Curt (2007): *Arbeitsindividualitätseffizienz und -effektivitätstest*. Verlag Test und Kontrolle, Regensburg.

Gitter, Alois (1999): *Von Knastologen lernen*. Vollzugsverlag, Bremerhaven.

Grabitz, Ileana/Wisdorff, Flora (2013): *1 800 Prozent mehr Krankentage durch Burn-out*. Die Welt, 27.01.2013.

Grinwork, Pit/Freeman, Elly (2011): *Mannheimer Inventar zur Arbeitszufriedenheitsgradierung*. Verlag Test und Testung, Mannheim.

Großwill, Max (2010): *Der DzH-Schnelltest für den betrieblichen Erfahrungsbereich*. Psychologische Messinstrumente, 3, S. 146-150.

Hetzer, Harald (2013): *Selbstgewählte zeitliche Arbeitsverdichtung als Motivator und Leistungsgarant*. Zeit im Focus, 8, S. 111-155.

Hurtyk, Ceryl (2015): *Die Vorbildwirkung des Extremaufschiebers*. In: Först, Klara: Leitbilder des Arbeitslebens. Verlag Wörg und Würk, Rastatt.

Koch, Richard (2008): *The 80/20 Principle. The Secret of Achieving More with Less*. 2. Aufl., New York.

Kuschel, Hildegard/Nerf, Friedhelm (2001): *Postpubertäre Befriedigung präpubertärer Zuwendungsdefizite als motivationaler Verstärker von Arbeitsleistung und Arbeitszufriedenheit*. Arbeit und Psyche, 4, S. 122-203.

Lichtenthaeler, Charles (1984): *Der Eid des Hippokrates*. Deutscher Ärzte-Verlag, Köln.

Lohnli, Arthur (2012): *Auswirkungen des erzwungenen Ausschlusses aus der kollegialen Gemeinschaft auf Arbeitsleistung und -zufriedenheit.* Schweizer Zeitschrift für Arbeit und Leben, 2, S. 143-222.

Mann, Thomas (1957): *Bekenntnisse des Hochstaplers Felix Krull.* Fischer, Frankfurt am Main.

Morrin, M. (2005): *Person-Place Congruency: The Interactive Effects of Shopper Style and Atmospherics on Consumer Expenditures.* Journal of Service Research 8, S. 181-191.

Noseman, Brian (2013): *Odour and Duration of Stay.* Behaviour News, 3, S. 14-37.

Pain, Robert F. (2008): *Angst als Motivator.* Verlag Maier und Maier, Linz.

Pessimaster, Ronald (2012): *Erfolg durch Misserfolg.* Evidenz-Verlag, Zwickau.

Piepenbrink, Hein (2000): *Verbalkommunikation als zwangsanaloge Handlung.* Psycholinguistische Sozialforschung, 8, S. 57-69.

Pingel, Paul/Pingel, Elfriede (1999): *Buxtehuder Perfektionismus-Test.* Psychologischer Exaktheitsverlag (PEV), Bremen.

Pourcelle, Charles (1984): *Die Kunst des Täuschens.* Verlag Quarkinger, Bonn.

Pujos, François/Gaudin, Timothy J./de Iuliis, Gerardo/Cartelle, Cástor (2012): *Recent Advances on Variability, Morpho-functional Adaptions, Dental Terminology, and Evolution of Sloths.* Journal of Mammalian Evolution 19, S. 159-169.

Quicker, Bessy/Fast, Gerald/Hurtyk, Ceryl (2014): *Last-Minute-Man-Identification-Test.* Psychologische Messinstrumente, 1, S. 101-234.

Schlamper, Klaus-Heinrich/Messi, Kathinka (1968): *Heidelberger Chaos-Klassifizierungsverfahren.* Südbadisches Sozialwissenschaftsmagazin, 4, S. 99-132.

Schlamper-Messi, Kathinka (1999): *Irreversible Folgen nicht systemkonformer Managementvorgaben im sozialpsychologischen Kontext von Befehl und Gehorsam.* Psychologie im Management, 2, S. 14-97.

Scheu, Elisabeth (2011): *Konfliktvermeidung im Unternehmen.* Angstgräber Verlag, Papenburg.

Sheng-Fui/Bei-Gong (2007): *Perfectionism and priority in existentially situations.* North Asian Journal of Behavior Science, 18, S. 238-279.

Shitter, Amelia/Shitter, Jayden (1999): *Generalization of Inappropriate Compliments.* Lyer Press, Washington D. C.

Shrekk, William (2009): *The Winger as Saviour.* The Titanic Desaster in Psychological Computer Simulation. Queenstown Psychological Review, 4, S. 52-144.

Spoker, Ron (1998): *Room and Communication.* Clearman Press, London.

Subsmith, Margareth L. (2004): *Der Drang zu Höherem in jedem von uns.* Verlag Krösos, Duderstadt.

Tüppen, Kurt (1979): *Inventar zur Messung der Sozialverhaltenstypisierung.* Testurverlag, Bern.

Vipper, Aloisius (1999): *Die DzH-Skala zur Messung des Dranges zu Höherem in ihrem Einsatz im betrieblichen Setting.* Psychologische Messinstrumente, 4, S. 17-29.

Zuchtmann, Peer (1988): *Der Kaspar-Hauser-Effekt in der Mitarbeiterführung.* In: Leitfoll, Amalie: Soziale Isolation und die Folgen. Todteles Verlag, Knalltstadt.

Überlebenstraining für den Büroalltag

»Die Hölle, das sind die anderen.« Für diese Erkenntnis muss man kein philosophisches Seminar besuchen. Schon der tägliche Gang ins Büro zeigt, dass die Konflikte mit den lieben Kollegen überall lauern: aufdringliche Spaßmacher, hinterlistige Karrieristen oder gemütliche Zeitgenossen, die eine dringende Anfrage gerne mal ein paar Tage liegen lassen – von den lieben Vorgesetzten ganz zu schweigen …

Wolf Reiser schildert in diesem Buch, wie man den täglichen Überlebenskampf im Büro mit Humor ertragen kann, wann eine Auszeit angeraten ist und wie man – wenn alle Stricke reißen – einen stilvollen Abgang hinlegt.

»In einer Rezension ist nicht genug Platz, um das Kaleidoskop von Einsichten, Denkanstößen und Ratschlägen zu würdigen, das hier vermittelt wird, um die Anforderungen, Stolperfallen und Anfechtungen im Berufsleben zu meistern – und das sogar mit Stil.«
Karl-Heinz Krüger, ekz.Bibliotheksservice 26.10.2015

Reiser, Wolf
Unter Kollegen
44 Überlebensstrategien fürs Büro
2015. 223 Seiten. Broschiert.
978-3-407-36601-6

www.beltz.de   BELTZ